农村劳动力转移职业技能培训教材

钳 工

农业部农民科技教育培训中心
中央农业广播电视学校 组编

中国农业大学出版社

主　编　蒙忠俭　张　军

审　稿　梁　勇　尚德波　严东权　陈肖安

农村劳动力转移职业技能培训教材编委会

内容提要

本书主要介绍钳工基本操作技能，常用量具的使用与保养，钳工常用设备、机床安装与改装、装配的基础知识，机床夹具及常用钻床夹具，重点介绍钳工的锉、锯、錾、划线、钻孔、铰孔、攻丝、套丝、铲刮、研磨等基本操作技能，并根据劳动部门对持证上岗就业的要求，相应介绍了几种模块训练，使受培训人员能快速适应企业岗位的需要。

编写说明

随着社会主义新农村建设的推进和农村富余劳动力的转移，农民迫切需要进行职业培训，机电行业可以大量吸收农村富余劳动力，是农村劳动力转移职业技能培训的重要工种。

为提高农村劳动力职业技能，适应各地开展职业技能培训的需要，农业部农民科技教育培训中心、中央农业广播电视学校组织有关专家编写了《钳工》一书，作为农村劳动力转移职业技能培训教材之一，供各地农业广播电视学校和其他各类教育培训机构使用。

《钳工》一书参照国家职业标准编写，侧重于技能操作。本书内容充实，观点新颖，简明实用，图文并茂，语言平实，通俗易懂，可读性强，既可作为农村劳动力转移职业技能培训机械行业在职工人的培训教材，也可作为机械行业中的基层管理人员、技术人员以及职业学校等相关专业师生的学习参考用书。

由于编写任务紧，时间仓促，编著者水平有限，本书难免有不妥之处，敬请广大读者提出意见。

农业部农民科技教育培训中心
中 央 农 业 广 播 电 视 学 校
2008 年 4 月

目　录

一、基本操作技能

钳工是使用钳工工具或设备，主要从事工件的划线与加工、机器的装配与调试、设备的安装与维修及工具的制造与修理等工作的工种，其特点是以手工操行为主、灵活性强、工作范围广、技术要求高，是机械制造业中不可缺少的工种。

钳工主要分为装配钳工、模具钳工、工具钳工、修理钳工和制造钳工 5 大类，目前我国国家职业标准将钳工划分为装配钳工、机修钳工和工具钳工 3 类。无论哪一类钳工，都应当具备精湛的操作技艺，包括锉削、锯削、錾削、划线、钻孔、铰孔、攻螺纹、套螺纹、矫正、弯形、铆接、矫正、研磨以及机器装配调式、设备维修、基本测量和简单的热处理等。只有具备了较强的基本操作技能，才能在机械加工和机器维修过程中做到得心应手。钳工的工作性质就是在机械设备无法达到要求时由钳工手工来完成的一项工作，所以要求钳工做到心里想得到、眼睛看得到、手中做得到。

（一）锉削与锯削

1. 锉削

锉削的基本要领是：右手握锉刀柄，手心朝上，手掌朝身体内侧，左手握空心拳，手掌根部压锉刀前端（粗加工时），左脚在前、右脚在后形成弓步，身体的重心放在左脚上，朝前用力，尽量将锉刀拉长，双手保持锉刀端平（练习时尽可能将锉刀拉成直线），工件安装在虎钳钳口上，所加工面距钳口大约 5 mm，不易过高，过高将会产生弹性，使工件表面质量达不到要求。完成一次锉削后将锉刀快速拉回。如图 1-1 所示。

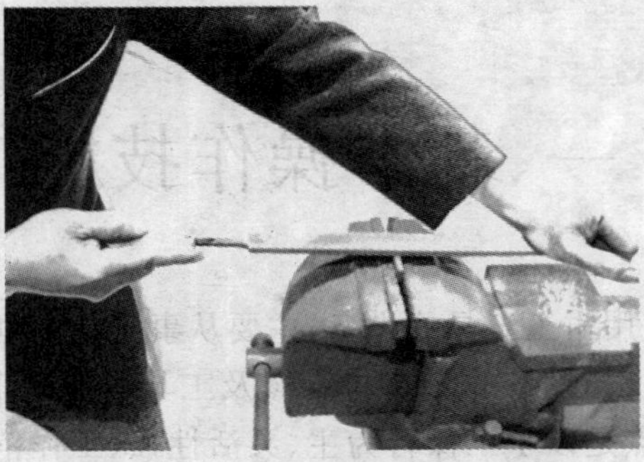

图 1-1 基本锉削方法

在锉削特殊角度时，尽可能根据一个加工面要大于一个锉刀面的原则，正确选用锉刀（必要时要修整锉刀）。如图 1-2 所示。

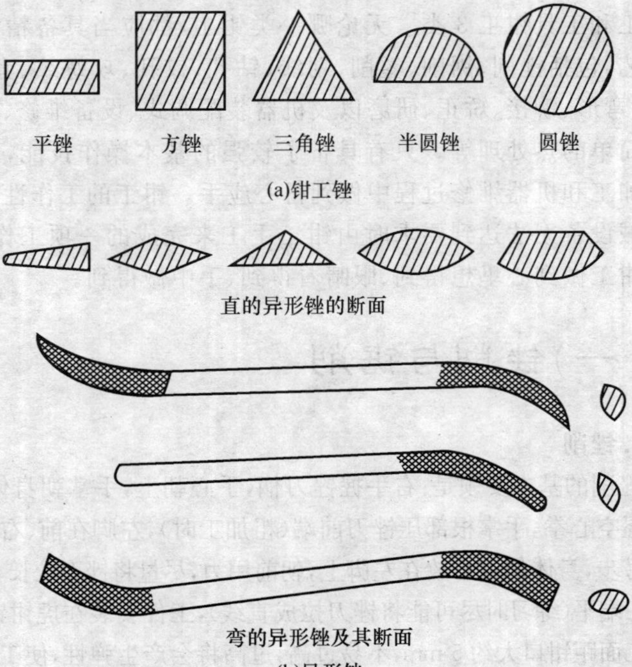

图 1-2 常见钳工锉及异形锉形状

锉削直角和清角时，将锉刀侧面齿用砂轮修磨后，使锉刀侧面与锉刀刀面夹角小于被加工工件角度，锉刀刀面与斜面形成刀口，锉不同角度时应将锉刀根据不同角度进行修磨。例如：锉削 60°角度时须将三角锉的一个锉齿面磨去，将三角锉的一个角度磨成小于 60°。精加工时，锉刀要握紧，少施力，推锉速度要慢，锉刀有种附吸在工件上的感觉，将锉刀保持平行。练习锉削要练到锉削有力，锉削声音要实，不能有尖叫声，锉刀不允许飘。如图 1-3 所示。

图 1-3 适合窄长面的推锉方法

练习锉削时，首先要观察工件装夹在虎钳上是否有偏斜，要根据装夹状态调整两手压力，不断摸索，仔细观察，才能做到运用自如。

2. 锯削

锯削要正确选用锯条。锯条分为粗、中、细 3 种，粗齿锯条主要加工非金属和有色金属，中齿锯条主要加工一般碳钢，细齿锯条主要加工薄板和管类材料。

当锯削较硬材料时，可适当选用细齿锯条，工件尽可能安装在虎钳的左侧，所锯位置距钳口侧面大约 10 mm，起锯时右手握锯弓柄，左手指定好锯削位置，用锯条前端起锯，即远起锯方法(图 1-4)。锯削时的站位与锉削站位相同，右手握锯弓柄，左手五指中关节握住锯弓前端上部(图 1-5)。

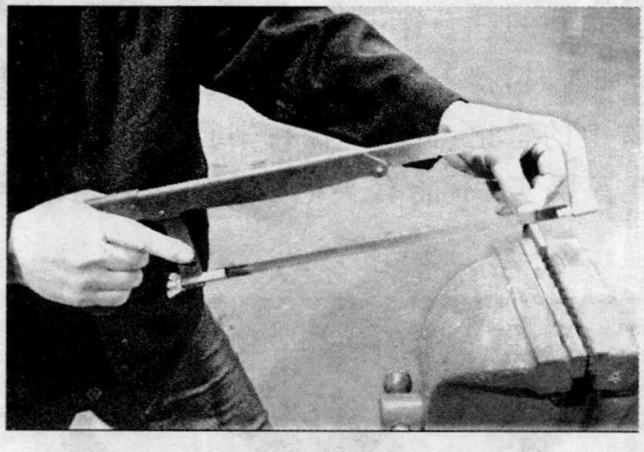

图 1-4 远起锯方法

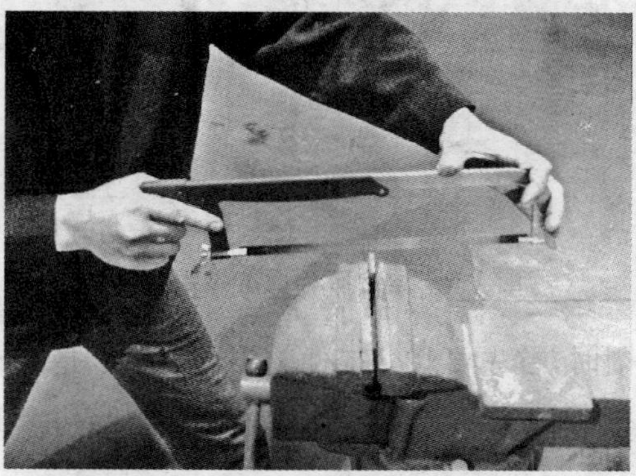

图 1-5 锯削姿势

锯削时朝前用力，向后轻拉快速带回，每分钟控制在 60 次以下，材料越硬向前推的速度要越慢，锯弓对工件压力要越大。锯削时要借助身体的力量，身体各部位肌肉要放松，眼睛要随时注意锯削情况，保持锯条与工件垂直，发现稍有偏歪及时采取措施，将锯弓朝偏歪方向带力锯削，纠正偏斜后再摆正锯弓。

推锯时锯削声要实，向前推的速度要慢，不允许有尖叫声和锯条打滑，避免锯齿的锯路磨损。

（二）錾削

錾削工具由手锤和錾子组成，錾子由碳素工具钢锻制而成，常用的錾子有扁錾、窄錾和油槽錾3种。錾子的楔角角度为30°～70°，刃磨錾子要根据所錾削的工件厚度而定，当錾削薄板时，由于切削力小，楔角可磨小，厚板则磨大。錾削操作姿势如图1-6所示。

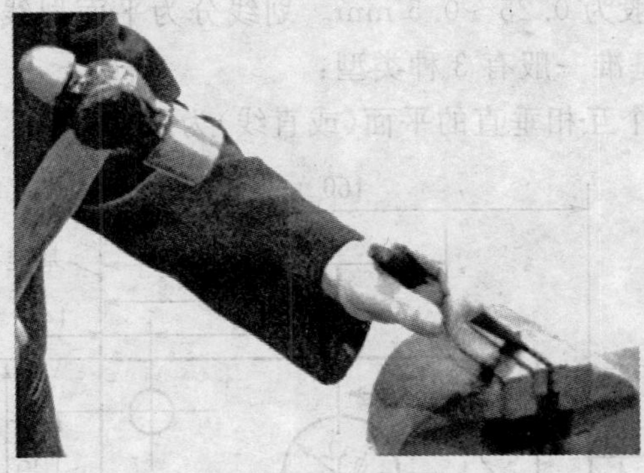

图1-6　錾削

錾削的基本要领是：左手握錾子，大拇指和无名指放松，避免打手。刚开始练习时眼睛要时刻注意錾削情况的变化，利用眼睛的余光看錾子敲击部位，以防打手。挥锤可由轻到重施力练习，不可连击，逐步做到“稳、准、狠”。

（三）划线

划线是指在工件上用划线工具划出待加工部位的轮廓线或作为基准的点、线、面，并确定加工的尺寸界线，合理安排各加工位置的加工余量,防止产品发生工废。

划线必须具备一定的识图能力,掌握机械加工工艺,了解机械加工方法,正确使用测量工具,熟悉各种划线工具的应用。

划线的具体作用如下:

①确定工件的加工余量,使机械加工有明确的尺寸界线。

②便于复杂工件在机床上装夹,可按划线找正定位。

③能够及时发现和处理不合格的毛坯,避免加工后造成损失。

④采用借料划线可使误差不大的毛坯得到补救,提高毛坯利用率。

划线要求划出的线条清晰均匀,最重要的是要保证尺寸准确,划线精度一般为 0.25~0.5 mm。划线分为平面划线和立体划线 2 类。划线基准一般有 3 种类型:

①以两个互相垂直的平面(或直线)为基准,如图 1-7 所示。

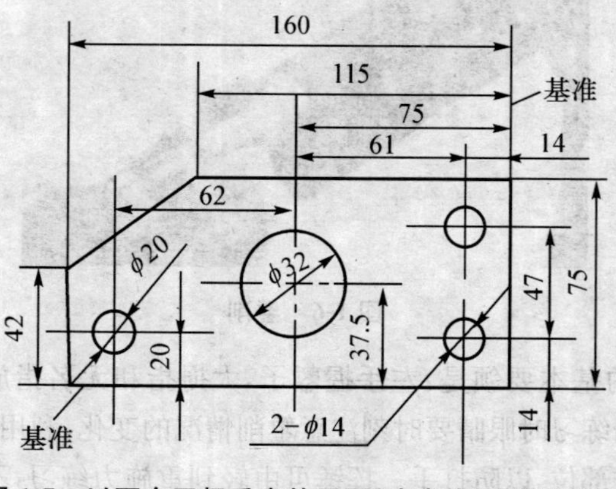

图 1-7 以两个互相垂直的平面(或直线)为基准划线

②以两条互相垂直的中心线为基准,如图 1-8 所示。

③以一个平面和一条中心线为基准,如图 1-9 所示。

常用工量具有划针、样冲、手锤、钢尺、圆规、长划规、高度游标尺、平板和方箱等。基本练习有画各种形状的几何图形,用划针、长钢尺画平行线,正确使用工量具。

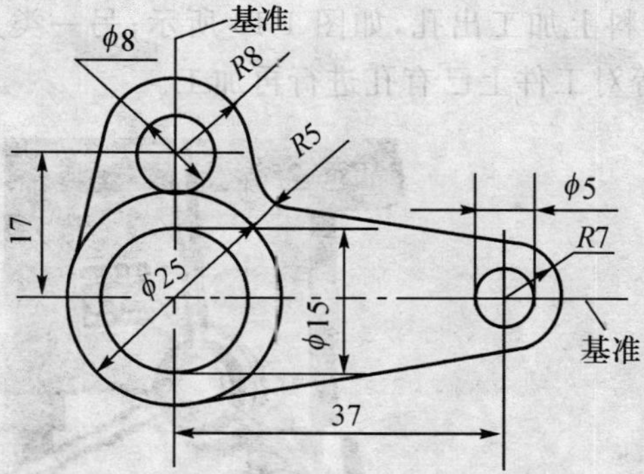

图 1-8 以两条互相垂直的中心线为基准划线

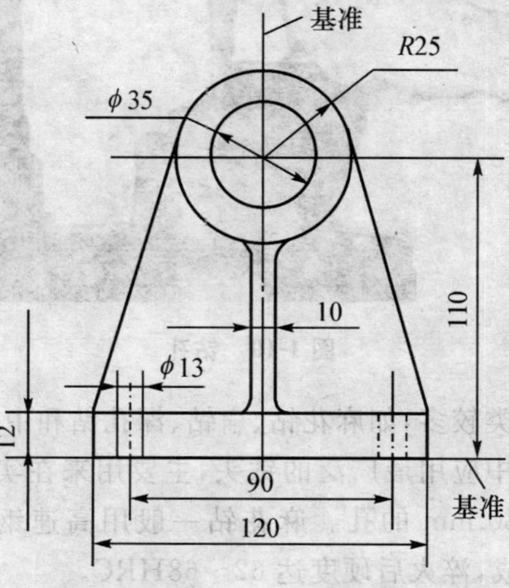

图 1-9 以一个平面和一条中心线为基准划线

(四)钻孔与铰孔

1. 钻孔

钳工加工孔的方法主要有 2 类:一类是用麻花钻(以下简称钻

花)在实体材料上加工出孔,如图 1-10 所示;另一类是用扩孔钻、锪钻和铰刀等对工件上已有孔进行再加工。

图 1-10 钻孔

钻头的种类较多,如麻花钻、扁钻、深孔钻和中心钻等,其中麻花钻是孔加工中应用最广泛的钻头,主要用来在实体材料上钻削直径为 0.1～80 mm 的孔。麻花钻一般用高速钢(W18Cr4V 或 W9Cr4V2)制成,淬火后硬度达 62～68HRC。

对于钳工来说,孔加工是必不可少的,而绝大部分孔不光有位置精度要求,而且还有几何精度要求。一支新麻花钻如果不进行刃磨,钻削出的孔也是不符合要求的,由此可见刃磨钻花对加工孔起着至关重要的作用。麻花钻切削部分的构成如图 1-11 所示。

标准麻花钻的切削部分由五刃(2 条主切削刃、2 条副切削刃和 1 条横刃)、六面(2 个前刀面、2 个后刀面和 2 个副后刀面)组成。

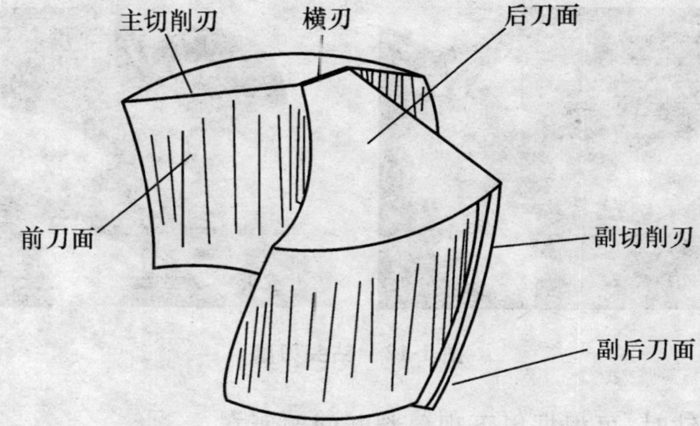

图 1-11　麻花钻切削部分的构成

主切削刃起的是切削作用,副切削刃起的是修光作用,横刃起的是定位作用。麻花钻的前角是垂直线与前刀面所夹的角,钻头中心处前角小,从中心往外前角逐步增大,外缘处前角最大。所以当钻孔快钻通时,最容易挂住工件而发生危险。在练习钻孔时,务必注意在快钻通时要轻进刀。麻花钻的前角是给定的,一般不需要修磨,例如:钻有机玻璃和铜时适当修磨前角,才能保证加工质量。麻花钻的后角是水平面与后面所夹的角,一般为 3°～8°,后角的大小可根据加工对象而定。刃磨麻花钻主要是通过修磨后面使主切削刃锋利,得到适当的后角,通过修磨横刃来减少振动和轴向抗力达到定心准确的目的,较大钻头可通过磨出第二顶角(或第三顶角)使外直刃变成二段(或三段)直刃,以减少轴向抗力,提高耐磨性。

练习刃磨(图 1-12)首先要求练习手的稳定性,麻花钻在刃磨时,在砂轮上的摆放位置要正确,摆放在砂轮的水平中心轴线上或稍微高一点的位置。刃磨后要多次试钻,分析所存在的问题,不断提高,才能掌握刃磨技巧。

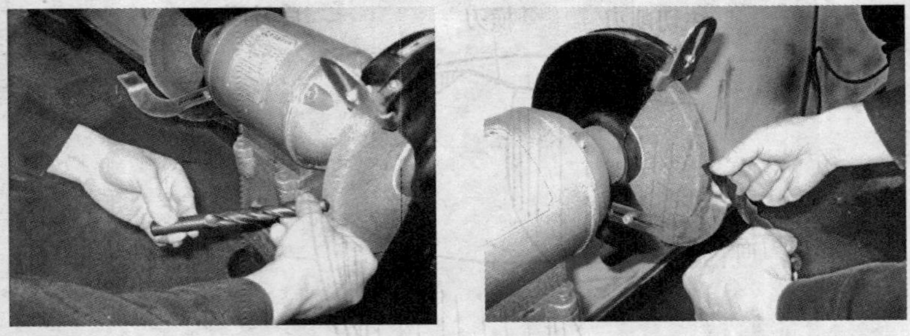

图 1-12 钻头刃磨

试钻时，可根据以下现象判断问题所在：

①当钻花对准所需钻孔位置时产生摆动，难以对准。

②当钻花顶尖钻入工件时，在工件上出现的不是一个小圆窝。

③当钻花钻入工件后单边排屑。

④当钻花快钻通工件时产生摆动。

⑤加工完后测量孔径，孔径变大。

⑥修磨钻花后钻不进。

根据上述情况，相对应的解决办法有：

①横刃斜角不对（正确的是 55°左右），横刃过长，再修磨横刃。

②横刃斜角不对，顶尖处后角过大，再修磨横刃，修磨顶尖处，减小顶尖处后角。

③原因是，以钻头中心线为准，两边切削刃角度不相等，两段切削刃长度不相等，注意保持两切削刃角度相等，用量具检测两切削刃，要长度相等。

④外缘处后角过大，修磨后角。

⑤两切削刃长度不相等时，角度大的一边切削刃过长。需重新修磨切削刃，用量具检测角度。

⑥后角过大，成负后角。修磨后面，磨出相应的后角。

例题 1-1：钻有位置精度的孔，如图 1-13 所示。

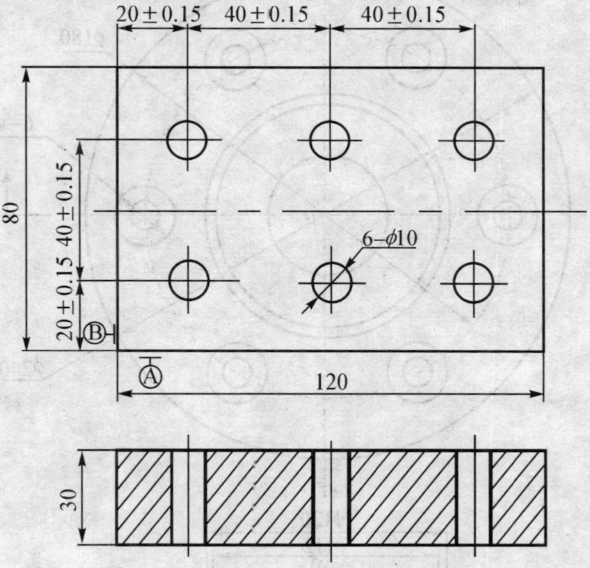

图 1-13 钻孔练习

步骤：

①以 A、B 两基面为基准，划出各孔位置。

②用样冲将各孔位置打上样冲记号。

③将圆规调至 $R5$，在各孔位置用圆规作圆。

④用样冲在圆周上均匀打上 4 点记号。

⑤选用直径 10 mm 钻花钻孔，要求工件上能看到留下的 4 个半边样冲孔。

⑥用量具检测是否符合要求。

例题 1-2：钻台阶孔，如图 1-14 所示。

步骤：

①找圆心，用木块做塞木作圆的垂直平分线，交点为圆心。

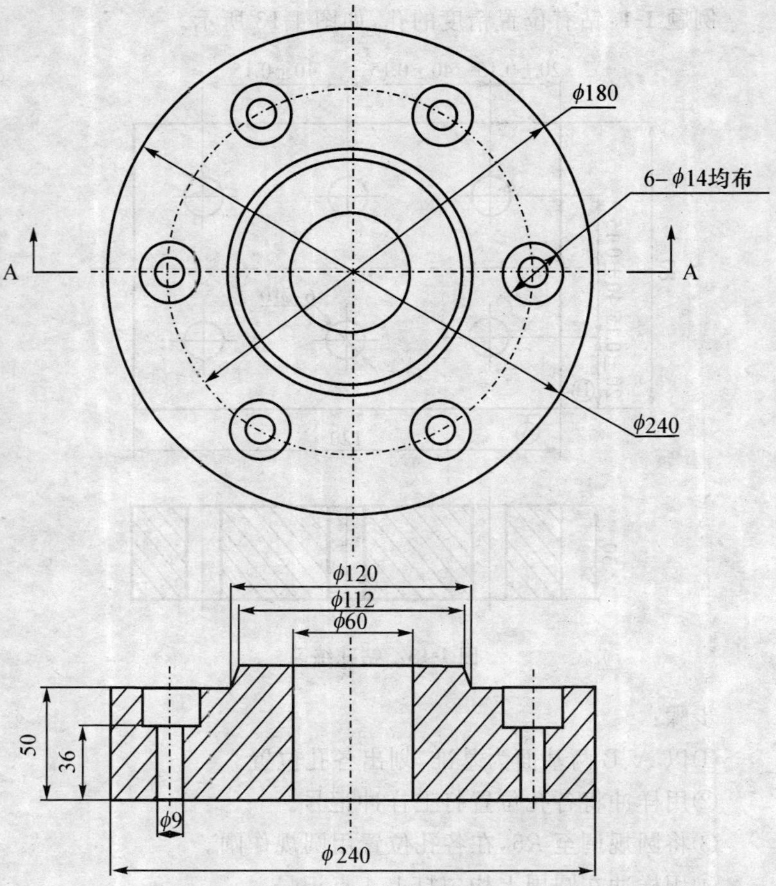

图 1-14 钻台阶孔

②将圆规调至 $R90$ 作圆，在圆周上分 6 等份均布。

③用样冲将各孔打上记号并将圆规调至 $R4.5$ 作圆，圆周上均匀打上 4 点记号。

④用直径 9 mm 钻花钻孔，要求工件上能看到 4 个半边样冲孔。

⑤选用直径 14 mm 钻花刃磨成扩孔钻，扩孔至图纸所要求的尺寸。

⑥用量具检测是否符合要求。

在日常生产中，经常有批量生产和单件生产 2 类情况，而工件上就会有孔的加工，当批量生产时，作为钳工首先考虑的是怎样制作模具或是改装机床，用专用机床来达到提高生产效率的目的。

2. 铰孔

在制作模具、夹具或修理机床和单件生产时，只能采用划线钻孔来完成孔的加工。当然，对于那些要求高、孔径大的孔可以采用数控铣床、坐标镗床、线切割来保证孔的位置精度和几何精度。但我们在加工孔时采用钻花钻孔往往达不到孔的要求，因为钻花钻孔只是半精加工，要达到孔的几何精度和表面质量，就只能采取铰孔来完成。

(1)铰孔的基本概念　用铰刀从工件的孔壁上切除微量金属层，以获得较高尺寸精度和较小表面粗糙度值的方法。铰刀是精度较高的多刃刀具，具有切削余量小、导向性好、加工精度高等特点，一般尺寸精度可达 IT9～IT7 级，表面粗糙度 R_a 值可达3.2～0.8 μm。

(2)铰刀的种类　铰刀常用高速钢或高碳钢制成，使用范围广，常用种类有手用铰刀、直柄机用铰刀、锥柄机用铰刀、硬质合金锥柄机用铰刀、可调式手用铰刀、螺旋槽手用铰刀、直柄莫氏锥柄铰刀和手用 1∶50 锥铰刀。

(3)铰削用量　铰削用量是指在孔加工完后，在直径方向留下的加工余量。通常要考虑到孔径的大小、材料的软硬、尺寸精度、表面粗糙度、铰刀类型及加工工艺等多种因素进行合理选择，一般粗铰余量为 0.15～0.35 mm，精铰余量为 0.1～0.2 mm。用普通高速钢铰刀铰孔时，可参考表 1-1 选用铰削余量。

表 1-1 铰削余量 mm

铰孔直径	<5	5～20	21～32	33～50	51～70
铰孔余量	0.1～0.2	0.2～0.3	0.3	0.5	0.8

(4)铰孔操作要点

①工件要夹正,两手用力要均衡,铰刀不能摇摆,按顺时针方向扳动铰杠铰削.避免在孔口处出现喇叭口或将孔径扩大。

②手铰时,要注意变换每次停歇位置,以消除铰刀在同一处停歇而造成的振痕。

③铰孔时,不论是进刀还是退刀都不能反转,以防刃口磨损及切屑卡在刀齿后面与孔壁间,将孔壁划伤。

④铰削钢件时,要注意经常清除黏在刀齿上的切屑。

⑤铰削过程中如果铰刀卡住,不要用力扳,以防损坏。应取出铰刀,清除切屑,加切削液后再行铰削。

⑥机铰时,应使工件一次装夹进行钻、扩、铰,以保证孔的加工位置。铰孔完成后要等铰刀退出后再停车,以防将孔壁拉伤。

⑦铰尺寸较小的圆锥孔时,可先以小端直径按圆柱孔精铰余量钻出底孔,然后用锥铰刀铰削;对尺寸和深度较大的圆锥孔,为减少切削余量,铰削前先钻出台阶孔,然后再用铰刀铰孔。铰孔过程中要经常用相配的圆锥销来检查孔的尺寸。

例题 1-3:45# 钢,30 mm 厚,铰制直径为 ϕ10 mm 的 6 个孔,符合图纸要求,如图 1-15 所示。

步骤:

①划线:按图纸要求划好各孔位置线,打上记号。

②钻孔:选用 ϕ9.7 的钻花钻孔。

③选用机油做润滑液。

④铰孔:选用 ϕ10 的手用铰刀铰孔(注意孔径,如有超差,可将铰刀进行研磨修整。如果所加工材料为铸铁,可选用煤油做润滑液,但要注意孔径会有收缩现象)。

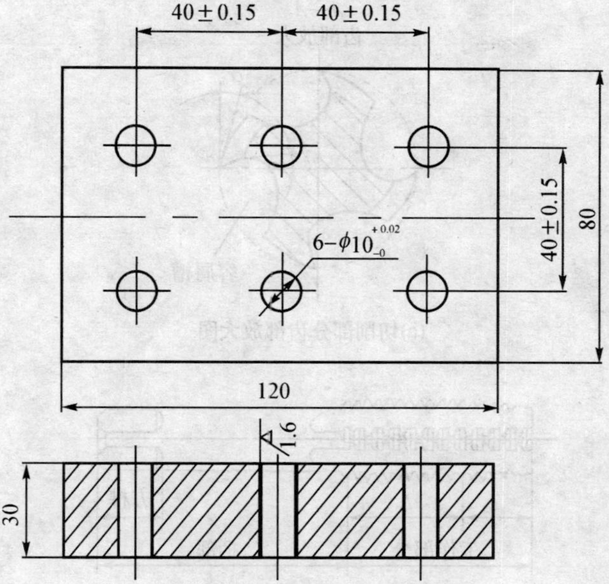

图 1-15 铰孔练习

（五）螺纹加工

攻丝和套丝是加工内、外螺纹的操作，所以又叫切螺纹。钳工所加工的螺纹，通常都是直径较小或不适宜在机床上加工的螺纹。

1. 攻丝

用丝锥在孔壁上切削内螺纹的操作过程叫攻丝，也叫攻螺纹。

丝锥分为手用丝锥和机用丝锥，它是由碳素工具钢或高速钢制成，并经热处理。其构造如图 1-16 所示，由工作部分和柄部组成。

在攻制螺纹时，为了减小切削力和延长丝锥寿命，通常由 2 支组成一套，又称为头攻和二攻，用头攻首先加工不光减小了切削力，同时也方便了丝锥的切入。丝锥的切削部分有着锋利的切削刃，起主要切削作用。校正部分具有完整的齿形，用于校准已切出

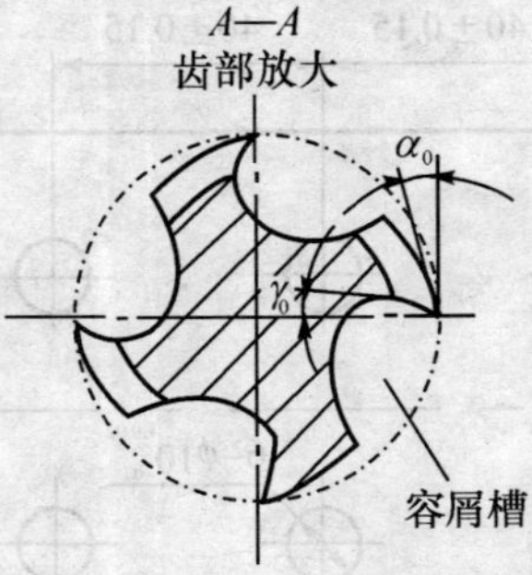

(a)切削部分齿部放大图

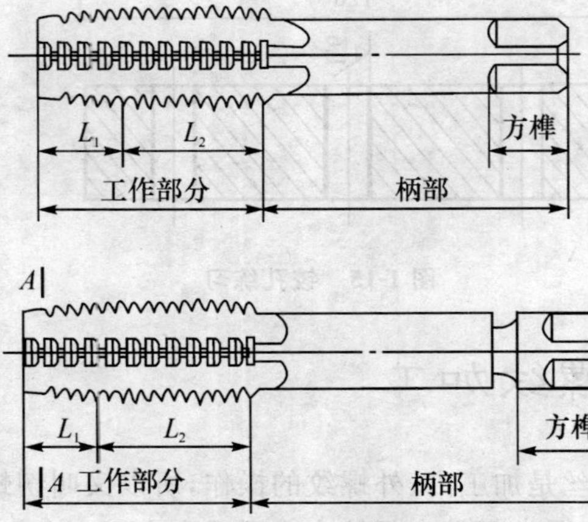

(b)手用丝锥

图 1-16 丝锥

的螺纹，并引导丝锥沿轴向运动。柄部有方头，装在夹头或铰手上传递攻丝时所需要的力矩。

铰手(图 1-17)是用来夹持丝锥的柄部方头、带动丝锥旋转进行切削的工具，利用滑块的移动可调整方孔的大小，用以夹住不同尺寸的方头。

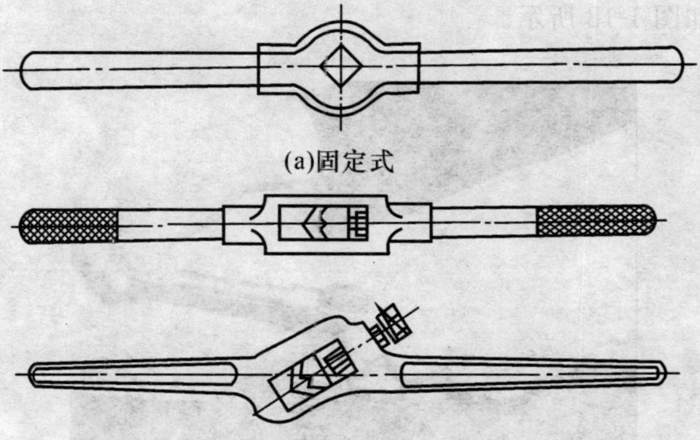

(a)固定式

(b)可调式

图 1-17 普通铰手

(1)攻丝前底孔直径的确定　攻丝前首先在工件上要钻孔，一般又称为底孔。攻丝底孔的直径可根据被加工螺纹的外径和螺距，通过下列公式算出或查阅有关手册（在实际工作中我们对一般要求不是很高的螺纹，直径在 12 mm 以下的螺纹，也可以直接用螺纹的直径减去螺纹的牙距，得出所需要的钻花直径）：

加工钢材及韧性材料：$D=d-t$

加工铸铁及脆性材料：$D=d-(1.04\sim1.08)$

式中：D 为底孔直径，mm；d 为螺纹外径，mm；t 为螺距，mm。

(2)攻丝的操作要点

①按确定的攻丝的底孔直径和深度钻底孔，并将孔口倒角，便于丝锥顺利切入。

②起丝时，可用一手掌按住铰杠中部沿丝锥轴线用力加压，另一手配合做顺向旋转，同时保持平衡，保证丝锥中心线与孔中心线

重合，如图 1-18 所示。

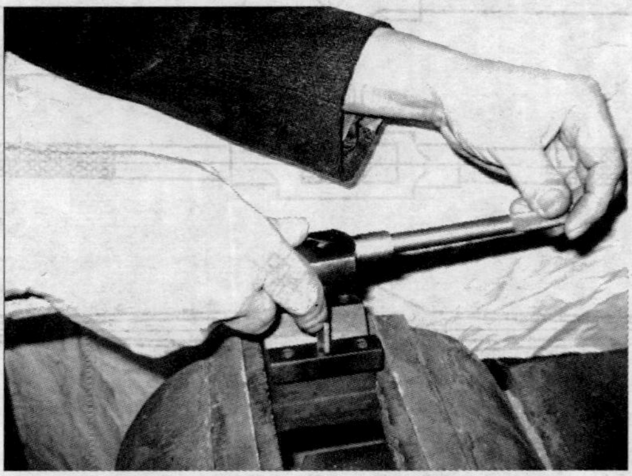

图 1-18 起攻方法

③当丝锥攻入 1～2 圈时，检查丝锥是否与工件表面垂直，并不断校正。当切削部分进入工件后，要间断性地倒转 1/4～1/2 圈，进行断屑和排屑。如图 1-19 所示。

图 1-19 检查丝锥与工件表面的垂直度

④攻丝时，必须以头攻、二攻顺序攻削至标准尺寸。

⑤攻韧性材料的螺纹时，要加合适的切削液。

2. 套丝

用板牙在圆杆或管子上切削出外螺纹的加工方法叫套丝，也叫套螺纹，如图 1-20 所示。

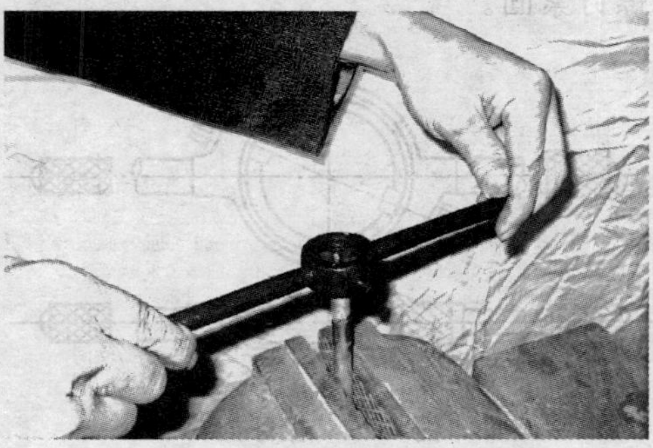

图 1-20 套螺纹

套丝用的工具有板牙和板牙架。

(1)板牙 板牙是加工外螺纹的工具，用合金工具钢或高速钢制作并经淬火处理，如图 1-21 所示。

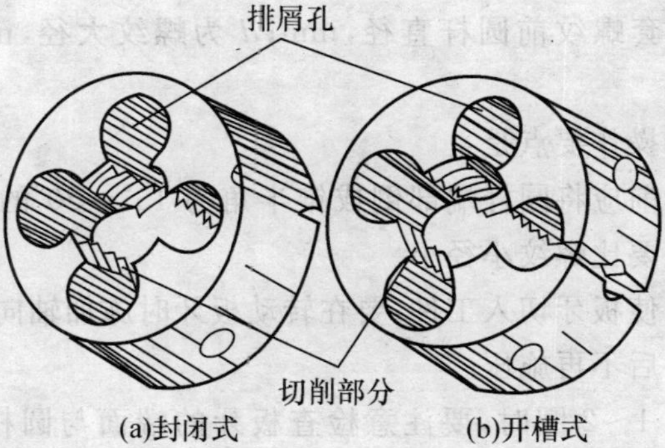

图 1-21 板牙

板牙由切削部分、校准部分和排屑孔组成。板牙两端面都有切削部分，待一端磨损后，可换另一端使用。

(2)板牙架　板牙架是装夹板牙的工具，如图 1-22 所示。板牙放入后，用螺钉紧固。

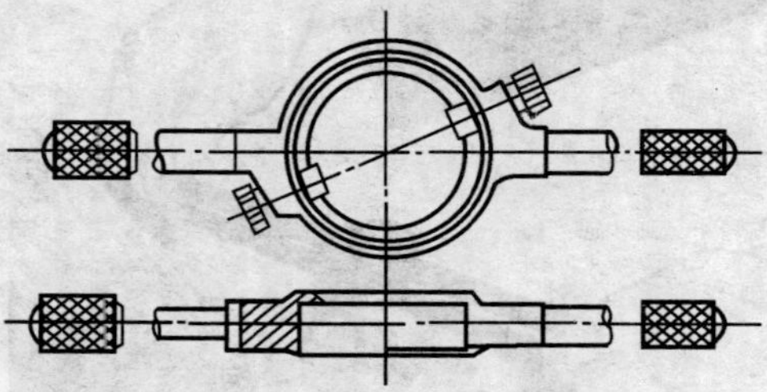

图 1-22　板牙架

套丝时，金属材料因受板牙的挤压而产生变形，牙顶将被挤得高一些，所以套丝前圆杆直径应小于螺纹大径。圆杆直径的计算公式为

$$d_{杆}=d-0.13p$$

式中：$d_{杆}$ 为套螺纹前圆杆直径，mm；d 为螺纹大径，mm；p 为螺距，mm。

套丝的操作要点是：

①套丝前应将圆杆端部倒成锥半角为 15°～20°的锥体，锥体的最小直径要比螺纹小径小。

②为了使板牙切入工件，要在转动板牙时施加轴向压力，待板牙切入工件后不再施压。

③切入 1～2 圈时，要注意检查板牙的端面与圆杆轴线的垂直度。

④套丝过程中，板牙要时常倒转一下进行断屑，并合理选用切削液。

（六）矫正与弯形

1. 矫正

消除金属材料或工件不平、不直或翘曲等缺陷的加工方法，称为矫正。

按矫正时被矫正工件的温度分类，矫正可分为冷矫正和热矫正2种；按矫正时产生矫正力的方法的不同，矫正可分为手工矫正、机械矫正、火焰矫正及高频热点矫正等。钳工常做的手工矫正是将材料或工件放在平板、铁砧或台虎钳上，采用锤击、弯曲、延展或伸张等方法进行的矫正。

矫正的实质就是让金属材料产生新的塑性变形，来消除原来不应存在的塑性变形，所以只有塑性好的材料才能进行矫正。矫正后的金属材料表面硬度提高、性质变脆，这种现象称为冷作硬化，冷作硬化给继续矫正或下道工序加工带来困难，必要时应进行退火处理，恢复材料原来的机械性能。在我们日常工作中需要矫正和校正时，应尽可能避免锤击，因为锤击不光会产生冷作硬化，还会使材料变形，钢材组织结构破坏较大。

（1）手工矫正的工具

①平板和铁砧：平板、铁砧及台虎钳等都可以作为矫正板材、型材或工件的基座。

②锤子：矫正一般材料均可采用钳工锤，矫正已加工表面、薄钢件或有色金属制件时，应采用铜锤、木锤或橡胶等软锤。图1-23为用木锤矫正板料。

③抽条和拍板：抽条是采用条状薄板料弯成的简易手工工具，用于抽打较大面积的板料。

④螺旋压力工具：适用于矫正较大的轴类工件或棒料，如图1-24所示。

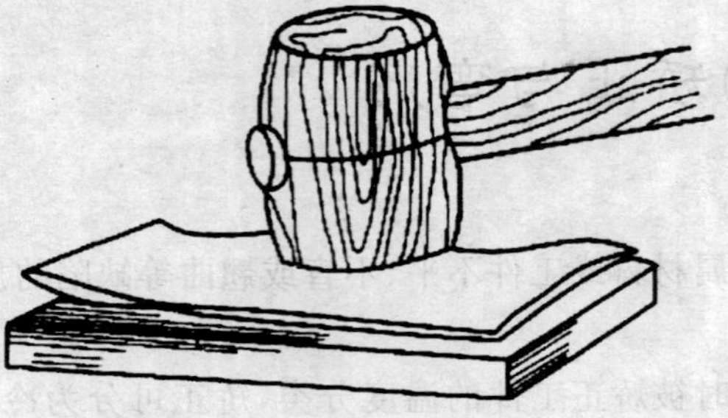

图 1-23　用木锤矫正板料

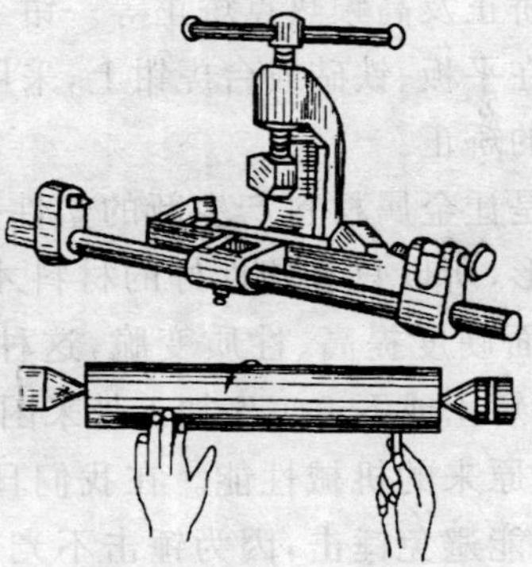

图 1-24　矫正轴类或棒料

(2)矫正方法

①延展法:用于金属板料及角钢的弯曲等变形的矫正。

②弯形法:主要用来矫正各种轴类、棒类工件或型材的弯曲变形。

③扭转法:用于矫正条料的扭曲变形。

2. 弯形

将坯料(如板料、条料或管子等)弯成所需要形状的加工方法,称为弯形。图 1-25 为多角形工件的弯形。

弯形是使材料产生塑性变形实现的,因此,只有塑性好的材料才能进行弯形。

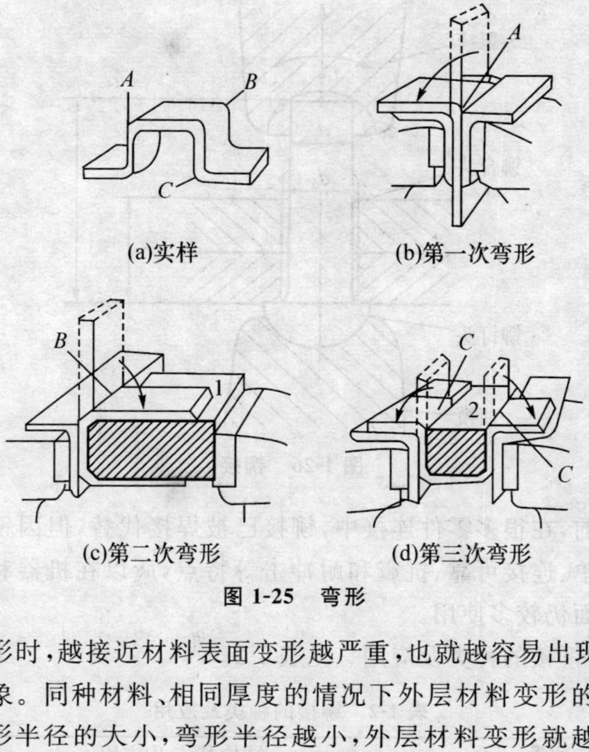

图 1-25 弯形

弯形时，越接近材料表面变形越严重，也就越容易出现拉裂或压裂现象。同种材料、相同厚度的情况下外层材料变形的大小取决于弯形半径的大小，弯形半径越小，外层材料变形就越大。为此，必须限制材料的弯形半径。通常材料的弯形半径应大于 2 倍材料厚度（该半径称为临界半径）。否则，应进行 2 次或多次弯形，其间还应进行退火处理。

（七）铆接与粘接

1. 铆接

用铆钉连接 2 个或 2 个以上的零件或构件的操作方法称为铆接，如图 1-26 所示。

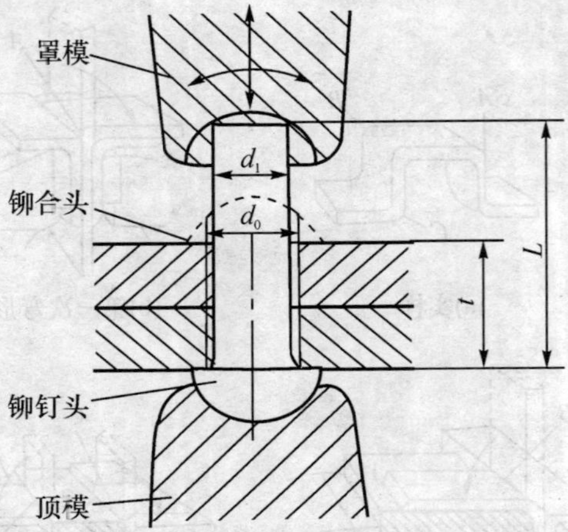

图 1-26 铆接

目前，在很多零件连接中，铆接已被焊接代替，但因铆接具有操作简单、连接可靠、抗震和耐冲击等特点，所以在机器和工具制造等方面仍较多使用。

(1)铆接的种类及应用 见表 1-2。

表 1-2 铆接的种类及应用

铆接种类			结构特点及应用
按使用要求分类	活动铆接		其接合部位可以相互转动。用于钢丝钳、剪刀、划规等工具的铆接
	固定铆接	强固铆接	用于结构需要有足够的强度、承受强大作用力的地方，如桥梁、车辆、起重机等
		紧密铆接	只能承受很小的均匀压力，但要求接缝处非常严密，以防止渗漏。用于低压容器装置，如气筒、水箱、油罐等
		强密铆接	能承受很大压力，要求接缝非常紧密，即使在较大压力下，液体或气体也保持不渗漏。一般用于锅炉、压缩空气罐及其他高压容器

续表 1-2

铆接种类		结构特点及应用
按铆接方法分类	冷铆	铆接时，铆钉不需加热，直接镦出铆合头，用直径在 8 mm 以下的钢制铆钉。用于冷铆的铆钉的材料必须具有较好的塑性
	热铆	将整个铆钉加热到一定温度后再铆接。铆钉塑性好，易成形，冷却后结合强度高。热铆时铆钉孔直径应放大 0.5 mm，使铆钉在热态时容易插入。直径大于 8 mm 的钢铆钉多用热铆
	混合铆	只把铆钉的铆合头端部加热，以避免铆接时铆钉杆弯曲。适合采用细长的铆钉

(2)铆钉及铆接工具

①铆钉：铆钉按其材料不同可分为钢质、铜质、铝质铆钉；按其形状不同分为平头、半圆头、沉头、管状空心和皮带铆钉。铆钉的标记一般要标出直径、长度和国家标准序号。如铆钉 5×20 GB 867—86，表示铆钉直径为 5 mm，长度为 20 mm，国家标准序号为 GB 867—86。

②铆接工具：手工铆接工具除锤子外还有压紧冲头、罩模、顶模等，如图 1-27 所示。罩模用于铆接时镦出完整的铆合头；顶模用于铆接时顶住铆接圆头，这样既有利于铆接又不会伤害铆钉圆头。

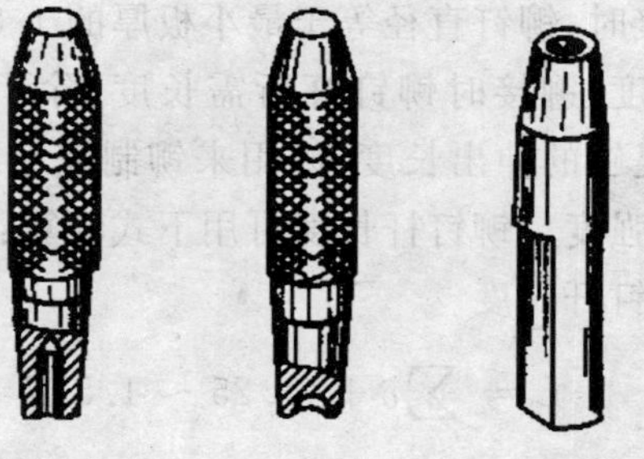

(a)压紧冲头　(b)罩模　(c)顶模

图 1-27　铆接工具

(3)铆接形式及铆距

①铆接形式:由于铆接时的构件要求不一样,所以铆接分为搭接、对接、角接等几种形式,如图 1-28 所示。

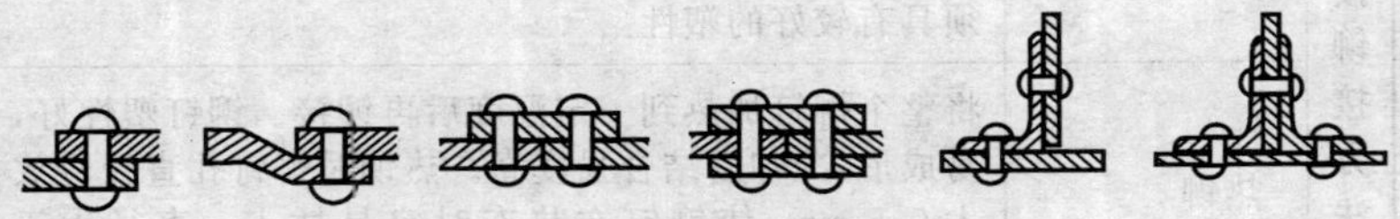

图 1-28 铆接形式

②铆距:指铆钉间或铆钉与铆接边缘的距离。在铆接连接结构中,有 3 种隐蔽性的损坏情况:沿铆钉中心线被拉断、铆钉被剪切断裂和孔壁被铆钉压坏。因此,按结构和工艺的要求,铆钉的排列距离有一定的规定。如铆钉并列排列时,铆钉距 t 小于或等于 $3d$(d 为铆钉直径)。铆钉中心到铆接板边缘的距离,铆钉孔是钻孔时约为 $1.5d$,铆钉孔是冲孔时约为 $2.5d$。

(4)铆钉直径、长度及钉孔直径

①铆钉直径:铆钉直径的大小与被连接板的厚度有关,当被连接板的厚度相同时,铆钉直径等于板厚的 1.8 倍;当被连接板厚度不同,搭接连接时,铆钉直径等于最小板厚的 1.8 倍。

②铆钉长度:铆接时铆钉杆所需长度,除了被铆接件总厚度外,还需保留足够的伸出长度,以用来铆制完整的铆合头,从而获得足够的铆合强度。铆钉杆长度可用下式计算:

半圆头铆钉杆长度

$$L = \sum\delta + (1.25 \sim 1.5)d$$

沉头铆钉杆长度

$$L = \sum \delta - (0.8 \sim 1.2)d$$

式中：$\sum \delta$ 为被铆接件总厚度，mm；d 为铆钉直径，mm。

③钉孔直径：铆接时钉孔直径的大小，应随着连接要求而有所变化。如孔径过小，则铆钉插入困难；孔径过大，则铆合后的工件容易松动。合适的钉孔直径应按表 1-3 选取。

表 1-3 铆钉直径及通孔直径

（GB/T 152.1—1988） mm

铆钉直径 d		2.0	2.5	3.0	3.5	4.0	5.0	6.0	8.0	10.0
钉孔直径 d_0	精装配	2.1	2.6	3.1	3.6	4.1	5.2	6.2	8.2	10.3
	粗装配							6.5	8.5	11

(5)铆接方法　一般钳工工作范围内的铆接多为冷铆。铆接时用工具连续锤击或压缩铆钉杆端，使铆钉杆充满钉孔并形成铆合头。如图 1-29 所示。

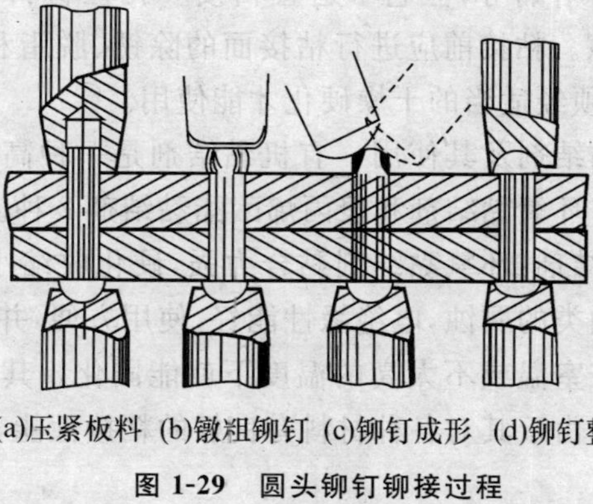

(a)压紧板料 (b)镦粗铆钉 (c)铆钉成形 (d)铆钉整修

图 1-29 圆头铆钉铆接过程

2. 粘接

用黏结剂把不同或相同材料牢固地连接在一起的操作方法，称为粘接。粘接是一种先进的工艺方法，它具有工艺简单，操作方便，连接可靠，变形小以及密封、绝缘、耐水、耐油等特点，所粘接的工件不需经过高精度的机械加工，也无须特殊的设备和贵重原材料，特别适合于不易铆焊的场合，因此，在各种机械设备的修复过程中，取得了良好的效果。粘接的缺点是不耐高温，粘接强度较低。目前，它以快速、牢固、节能、经济等优点代替了部分传统的铆、焊及螺纹连接等工艺。

黏结剂分为无机黏结剂和有机黏结剂 2 大类。

(1)无机黏结剂及其使用　无机黏结剂由磷酸溶液和氧化物组成。在维修中应用的无机黏结剂主要是磷酸-氧化铜黏结剂。它有粉状、薄膜、糊状、液体等几种形态。其中，以液化状态使用最多。无机黏结剂虽然有操作方便、成本低的优点，但与有机黏结剂相比还有强度低、脆性大和适用范围小的缺点。

使用无机黏结剂时，工件接头的结构形式应尽量适用套接和槽榫接，避免平面对接和搭接，连接表面要尽量粗糙，可以滚花和加工成沟纹，以提高粘接的牢固性。无机黏结剂可用于螺栓紧固、轴承定位、密封堵漏等，但它不适宜粘接多孔性材料和间隙超过 0.3 mm 的缝隙。粘接前应进行粘接面的除锈、脱脂和清洗操作，粘接后的工件须经适当的干燥硬化才能使用。

(2)有机黏结剂及其使用　有机黏结剂是一种高分子有机化合物，常用的有环氧黏结剂和聚丙烯酸酯黏结剂 2 种。

①环氧黏结剂：环氧黏结剂黏合力强，硬化收缩小，能耐化学药品、溶剂和油类的腐蚀，电绝缘性能好，使用方便，并且施加较小的接触压力，在室温或不太高的温度下就能固化。其缺点是脆性大、耐热性差。由于其对各种材料有良好的粘接性能，因而得到广泛的应用。

粘接前，粘接表面一般要经过机械打磨或用砂布仔细打光。粘接时，用丙酮清洗粘接表面，待丙酮风干挥发后，将环氧树脂涂在连接表面，涂层为 0.1～0.15 mm 厚，然后将两粘接件压合在一起，在室温或不太高的温度下即能固化。

②聚丙烯酸酯黏结剂:这类黏结剂常用牌号有 501 和 502,为无色溶剂,呈一定的透明状,可室温固化,固化速度快,但不宜大面积粘接。

随着高分子材料的发展,新的高效能的黏结剂不断产生,粘接在量具和刃具制造、设备装配维修、模具制造及定位件的固定等方面的应用日益广泛。

(八)刮削与研磨

刮削与研磨是钳工加工中的精加工方法,通过刮削和研磨可使工件获得较高的尺寸精度和表面质量。因此,在工具和精密机器制造和维修方面应用很广。

1. 刮削

利用刮刀刮去工件表面金属薄层的加工方法,称为刮削。

(1)刮刀及刮削余量　刮刀一般用碳素工具钢或轴承钢制成,头部淬火,刮削硬工件时也可焊上硬质合金刀头。

刮刀(大平面刮削所用刮刀俗称铲刀)可分为平面刮刀(图 1-30)和曲面刮刀(参见图 1-31)2 大类。

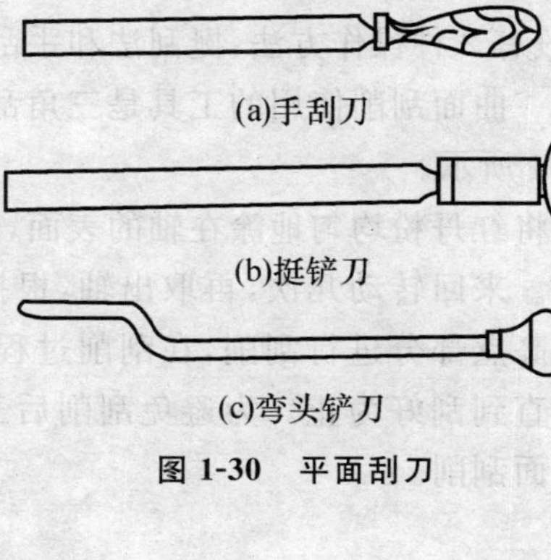

图 1-30　平面刮刀

平面刮刀用来刮削平面，曲面刮刀用来刮削曲面，如衬套、轴瓦等。刮削余量是指事先为刮削所留下的加工余量。刮削余量过大会影响生产率，过小则难保证质量。一般刮削余量随刮削面积的大小而定，通常是 0.05～0.25 mm。

(2)显示剂　显示剂是用来显示被刮削表面和标准表面间接触面的大小所涂的一种辅助材料，常用的有以下 2 种：

①红丹粉：氧化铅或氧化铁，用机油调和而成，多用于刮削黑金属。

②蓝油：由普鲁士蓝与机油调和而成，多用于刮削轴瓦。

显示剂可以涂在工件上，也可涂在标准件上，视情况而定。

(3)平面刮削　平面刮削一般要经过粗刮、细刮、精刮和刮花等过程。

每次刮削应在工件上(可平板上)涂一层显示剂，并使工件与平板对研，以显示工件平面上的高低部位，然后用刮刀将高起部分刮削掉，此过程重复多次。开始刮时，所显示的点应该是由少变多，由大变细，再由多变密，最后用 25 mm×25 mm 的检测镜检测所加工工件在任何位置上的接触点，来确定其精度。普通平面为 10～14 点，中级平面为 15～23 点，高级平面为 24～30 点，精密平面为 30 点以上。

平面刮削一般有 2 种操作方法：挺刮法和手刮法。

(4)曲面刮削　曲面刮削使用的工具是三角刮刀或匙形刮刀。刮削方法如图 1-31 所示。

操作方法是：将红丹粉均匀地涂在轴的表面，然后把轴放在轴瓦里，并拧紧螺栓。来回转动几次，再取出轴，根据轴瓦上接触斑点的分布情况，对高点部分进行刮削，在刮削过程中，每刮削一遍应检查斑点一次，直到刮好为止。为避免刮削后工件表面出现波纹，应交叉进行曲面刮削。

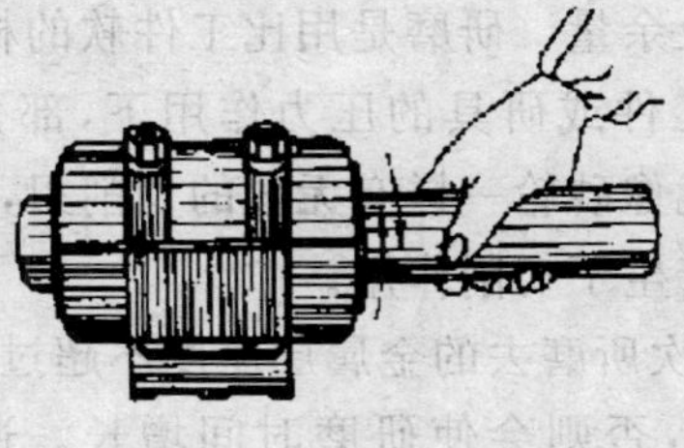

(a)研点

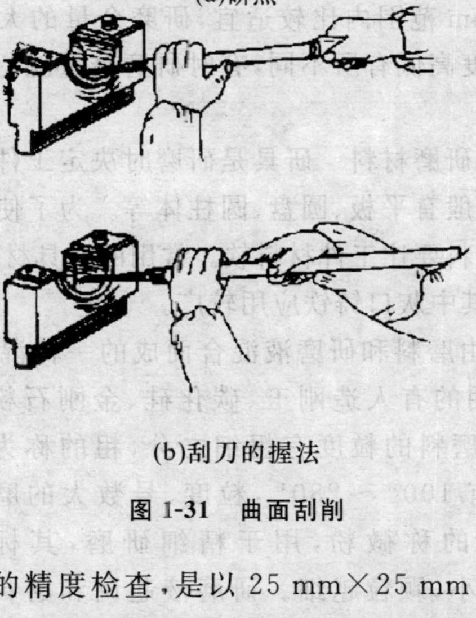

(b)刮刀的握法

图 1-31 曲面刮削

曲面刮削的精度检查，是以 25 mm×25 mm 内的接触斑点数来确定。实际操作中，常把轴瓦中部的接触点刮稀些（每 25 mm×25 mm 的贴合点为 6～8 点），而两端的接触点刮密些（10～15 点），这样与轴配合后，中间间隙稍大，能多贮存一些润滑油，而两端配合较紧密，就不会发生漏油，从而改善润滑条件。

2. 研磨

用研具和研磨剂从工件表面磨掉一薄层金属的操作方法叫研磨。通过研磨，工件表面质量可达 1.6～0.8，尺寸精度可以控制在 0.005～0.001 mm 或更高，几何形状更加精确。

(1)研磨原理及余量　研磨是用比工件软的材料做研具，在研具上放研磨剂，在工件或研具的压力作用下，部分研磨剂嵌入研具，这样研具表面就像砂轮一样有无数的切削刃，研磨时工件与研具作相对运动，就产生了切削作用。

一般每研磨一次所磨去的金属层厚度不超过0.002 mm，所以研磨余量不能太大，否则会使研磨时间增长。通常研磨余量在0.005～0.05 mm范围内比较适宜，研磨余量的大小应根据工件尺寸大小和精度高低有所不同，有时研磨余量就留在工件的公差范围以内。

(2)研具和研磨材料　研具是研磨时决定工件表面几何形状的标准工具，一般有平板、圆盘、圆柱体等。为了使磨料嵌入研具表面，研具的材料要比工件材料软。常用的研具材料有灰口铸铁、低碳钢、铜等，其中灰口铸铁应用较广。

研磨剂是由磨料和研磨液混合而成的一种混合剂。磨料的种类很多，常用的有人造刚玉、碳化硅、金刚石粉、氧化铁粉和氧化铬粉等。磨料的粒度有粗细之分，粗的称为磨粉，用于粗研磨，其标准有100#～280#，粒度、号数大的磨粒细，号数小的磨粒粗。细的称微粉，用于精细研磨，其标准有W40～W0.5，号数越小，颗粒越细。研磨液起调和磨料的作用，研磨时还起润滑、冷却和化学等作用。常用的研磨液有机油、煤油和猪油等。

目前工厂中常用配制好的研磨膏进行研磨，所不同的是磨料和研磨液的混合物较稠，呈膏状。除了用研磨剂、研磨膏研磨外，还可用各种形状的油石来进行研磨，油石常用在被研磨的工件形状比较复杂和没有适当研具的场合。

(3)研磨方法　平面研磨外圆柱面如图1-32所示，研磨圆锥面如图1-33所示。

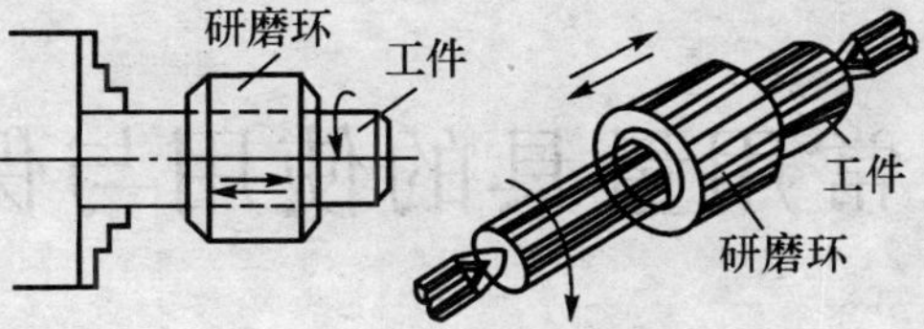

(a)短圆柱面研磨　(b)长圆柱面研磨

图 1-32　研磨外圆柱面

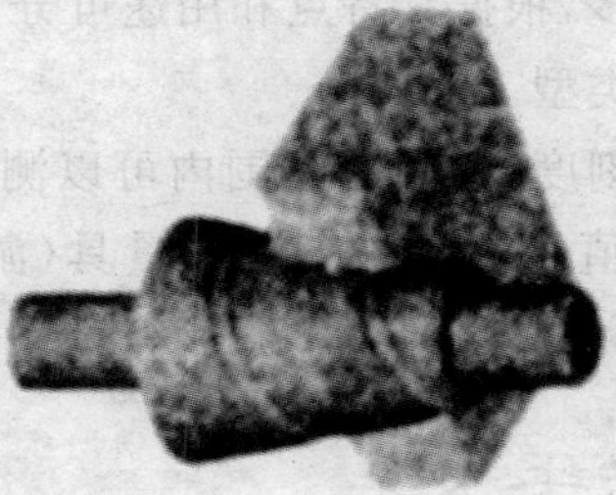

图 1-33　研磨圆锥面

二、常用量具的使用与保养

为了保证零件和产品的质量，必须用量具对其进行测量。用来测量、检验零件及产品尺寸和形状的工具称为量具。

量具的种类很多，根据其特点和用途可分为万能量具、标准量具和专用量具3种类型。

量具一般都有刻度，在测量范围内可以测量零件及产品的形状和尺寸的具体数值。常用的有游标量具（游标卡尺、高度游标尺、游标量角器等）和测微量具（千分尺等）。

（一）游标卡尺

游标卡尺是一种中等精度的量具，可以直接测量出工件的内径、长度、宽度和深度等。

游标卡尺可分为三用游标卡尺和双面量爪游标卡尺2种，主要由尺身、游标、内量爪、外量爪、深度尺、锁紧螺钉等组成，如图2-1所示。

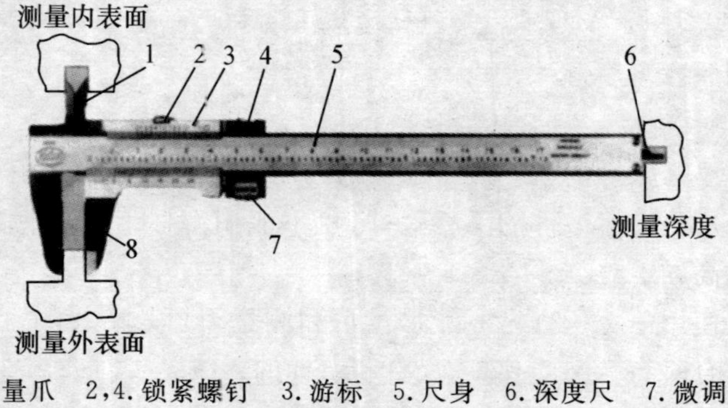

1，8. 量爪　2，4. 锁紧螺钉　3. 游标　5. 尺身　6. 深度尺　7. 微调装置

图2-1　游标卡尺

常用游标卡尺的测量精度按游标每格的读数值分有 0.02 mm (1/50)和 0.05 mm(1/20)2 种。

0.02 mm 游标卡尺的刻线原理是：尺身每小格为 1 mm，当两测量爪合并时，游标上的 50 格刚好与尺身上的 49 格对齐。尺身与游标每格之差为 1－49/50＝0.02(mm)，此差值为 1/50 mm，即游标卡尺的测量精度。

1. 读数方法

游标卡尺是以游标零线为基准进行读数的，其读数步骤如下：

①读整数：在尺身上读出位于游标零线左边最接近的整数值(mm)。

②读小数：用游标上与尺身刻线对齐的刻线格数，乘以游标卡尺的测量精度值，读出小数部分。

③求和：将两项读数值相加，即为被测尺寸。

2. 种类

游标卡尺除上面介绍的外还包括以下几种：

①电子数显卡尺及带表卡尺：其特点是读数直观准确，使用方便且功能多样。

②深度游标尺：用来测量台阶的高度、孔深和槽深。

③高度游标尺：用来测量零件的高度和划线。

④齿厚游标卡尺：用来测量齿轮(或蜗杆)的弦齿厚或弦齿高。

3. 注意事项

使用游标卡尺的注意事项有：

①要按工件的尺寸及精度要求选用合适的游标卡尺。不能用游标卡尺测量铸锻件的毛坯尺寸，也不能用游标卡尺去测量精度要求过高的工件。

②使用前要检查游标卡尺量爪和测量刃口是否平直无损，两量爪贴合时有无漏光现象，尺身和游标的零线是否对齐。

③测量外尺寸时，量爪应张开到略大于被测尺寸，以固定量爪

推向工件，卡尺测量面的连线应垂直于被测量表面，不能偏斜。

④测量内尺寸时，量爪开度应略小于被测尺寸。测量时两量爪应在孔的直径上，不得倾斜。

⑤测量孔深和高度时，应使深度尺的测量面紧贴孔底，游标卡尺的端面与被测件的表面接触，且深度尺要垂直，不可前后左右倾斜。

⑥读数时，游标卡尺置于水平位置，视线垂直于刻线表面，避免视线歪斜造成读数误差。

(二)千分尺

千分尺是一种较精密的量具，它的精度比游标卡尺高，而且比较灵敏。因此，对于加工精度要求较高的工件尺寸，要用千分尺来测量。

常用的千分尺是外径千分尺(图 2-2)，用来测量外径及长度等尺寸。

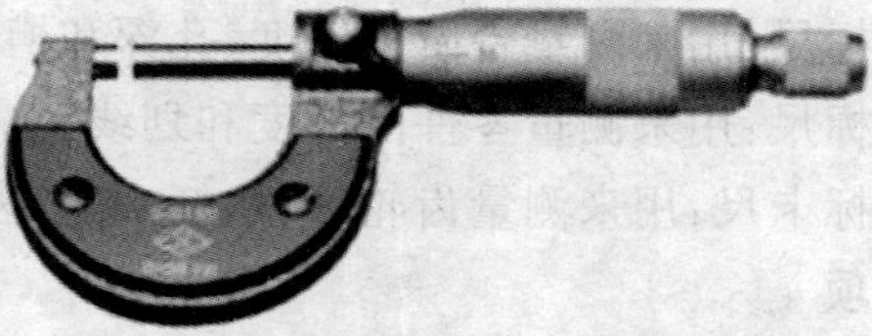

图 2-2 外径千分尺

一般千分尺螺杆的螺距为 0.5 mm，固定刻度套筒上的刻度间距也为 0.5 mm。测微筒上有 50 格等分刻度，并与测微螺杆固定在一起。当测微筒旋转一周时，则螺杆轴向位移为 0.5 mm；当测微筒旋转一格时，则螺杆轴向位移为 0.5 mm÷50＝0.01 mm。

使用千分尺时应注意下面几点：

①正确掌握使用千分尺的方法。

②千分尺的测量面应保持干净，使用前应校准尺寸，对 0～25 mm 的千分尺应将 2 个测量面接触，看一下活动套筒上零线是否与固定套筒上基准线对齐。如果没有对齐，则必须进行调整。对 25～50 mm 及以上的千分尺，要先用量具盒内的标准样棒来校准。

③测量时，先转动活动套筒，当测量面将接近工件时，改用棘轮，直到棘轮发出咔咔响声为止。

④测量时，千分尺要放正，并要注意温度影响。

⑤不能用千分尺去测量毛坯，更不能在工件转动时去测量，或将其当锤子敲物。

⑥单手测量时，由于无法使用棘轮，所以要具备较强的手感，必须反复练习才能达到测量精度。

除外径千分尺外，千分尺还包括以下几种类型：

①内径千分尺：用来测量内径及槽宽等尺寸。其刻线方向与外径千分尺的刻线方向相反。

②深度千分尺：用来测量孔深、槽宽等。

③螺纹千分尺：用来测量螺纹中径尺寸。

④公法线千分尺：用来测量齿轮公法线长度。

这些千分尺的读数方法与外径千分尺基本相同，在掌握了外径千分尺的使用方法后，也就能正确使用其他千分尺了。

（三）万能角度尺

万能角度尺是用来测量工件或样板内外角度的量具，按万能角度尺的分度值分为 $2'$ 和 $5'$ 两种，其示值误差分别为 $\pm2'$ 和 $\pm5'$，测量范围是 0°～320°。图 2-3 是测量精度为 2′的万能角度尺。万能角度尺读数的方法如图 2-4 所示。

图 2-3　万能角度尺

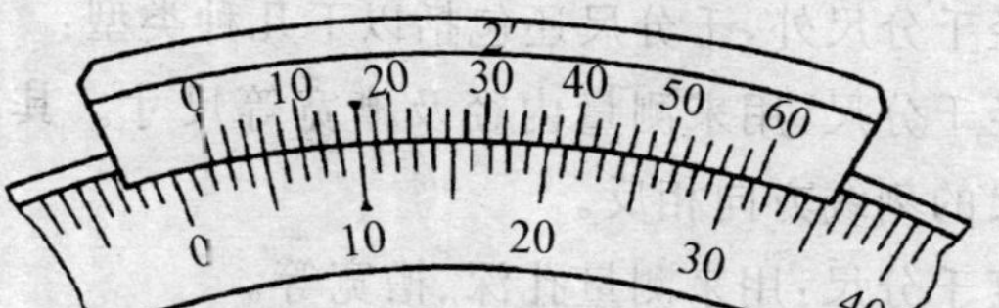

(a)显示的角度为2°16′

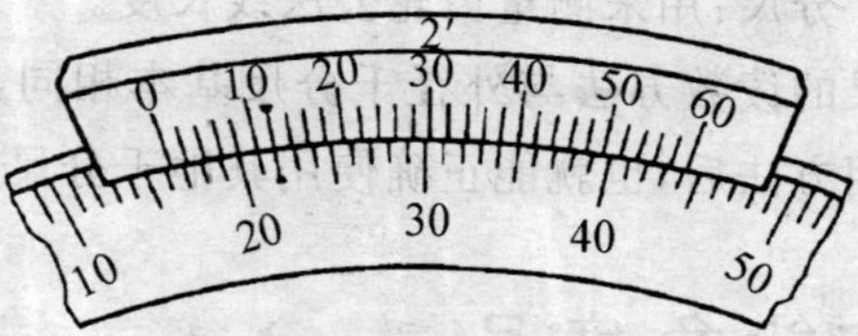

(b)显示的角度为16°12′

图 2-4　万能角度尺的读数方法

（四）百分表

百分表是一种指示式量仪，主要用来测量工件的尺寸、形状和位置误差，也可用于检验机床的几何精度或调整工件的装夹位置偏差。

1. 百分表的结构

百分表的外形如图 2-5 所示，它主要由测头、量杆、大小齿轮、指针、表盘和表圈等组成。

2. 百分表的刻线原理与读数

百分表量杆上的齿距是0.625 mm。当量杆上升 16 齿（即上升 0.625 mm×16＝10 mm）时，16 齿的小齿轮正好转一周，与其同轴的 100 齿的大齿轮也转一周，从而带动齿数为 10 的小齿轮和长指针转 10 周。即当量杆向上移动 1 mm 时，长指针转一周。由于表盘上共等分为 100 格，所以长指针每转 1 格，表示量杆移动0.01 mm，故百分表的测量精度为 0.01 mm。

图 2-5　百分表

测量时，量杆被推向管内，量杆移动的距离等于小指针的读数（测出的整数部分）加上大指针的读数（测出的小数部分）。

3. 百分表的测量范围和精度

百分表的测量范围一般有 0～3 mm，0～5 mm 和 0～10 mm 3 种。按制造精度不同，百分表可分为 0 级、1 级和 2 级，其适用范围见表 2-1。

表 2-1　百分表适用范围

级别	适用范围
0 级	IT6～IT14
1 级	IT6～IT16
2 级	IT7～IT16

4. 其他百分表

(1)内径百分表　内径百分表可用来测量孔径和孔的形状误差，用于测量深孔极为方便。内径百分表的外形与结构如图 2-6 所示。

测量时，测头通过摆块使杆上移，推动百分表指针转动，指出读数。测量完毕，在弹簧的作用下，测头自动回位。通过更换固定测头可改变百分表的测量范围。内径百分表的示值误差较大，一般为±0.015 mm，因此，在每次测量前都必须用千分尺进行校对。

(2)杠杆百分表　杠杆百分表常用于车床上校正工件的安装位置或用在普通百分表无法使用的场合，其外形如图 2-7 所示。

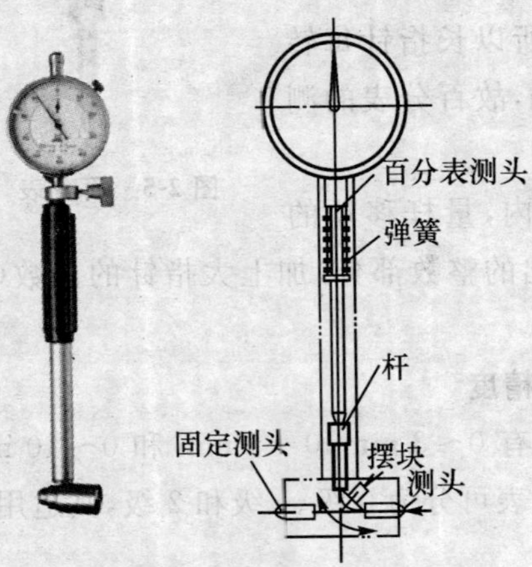

图 2-6　内径百分表

图 2-7　杠杆百分表

(五)量块

大规模的工业化生产对测量的精确性、标准化提出了越来越高的要求。为了保证生产中使用的量具标准相一致,就需要使用标准量具(如量块等)对其进行校验和调整。

量块是机械制造业中长度尺寸的标准,它可以用于量具和量仪的检验校验、精密划线和精密机床的调整,附件与量块并用时,还可以测量某些精度要求较高的工件尺寸。

量块的外形如图 2-8 所示,量块是用不易变形的耐磨材料(如铬锰钢)制成的长方形六面体,它有 2 个工作面,其余为非工作面。工作面即测量面,是一对相互平行且平面度误差及表面粗糙度值极小的平面。

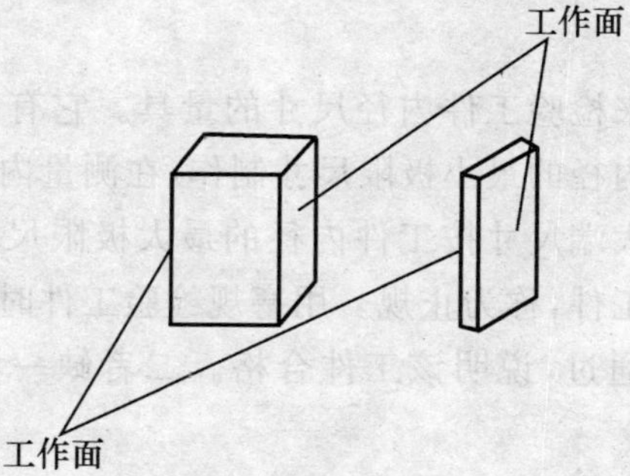

图 2-8 量块的外形

把不同基本尺寸的量块进行组合可得到所需要的尺寸。为了工作方便,减少积累误差,选用量块时应尽可能选用最少的块数,一般情况下块数不超过 4 块。

计算时应根据所需组合的尺寸,从最后一位数字开始选择,每选一块,应使尺寸数字的位数减少一位,以此类推,直至组合成完整的尺寸。

例如:所要尺寸为38.935 mm,从83块一套的盒中选用。选用方法:① 38.935 mm－1.005 mm(第一块量块尺寸)＝37.93 mm;② 37.93 mm－1.43 mm(第二块量块尺寸)＝36.5 mm;③36.5 mm－6.5 mm(第三块量块尺寸)＝30 mm(第四块量块尺寸)。即选用1.005,1.43,6.5和30 mm共4块量块。

(六)专用量具

有的测量量具,如游标卡尺等,它们的最大特点是可以直接读出被测零件的尺寸数,此外,还存在一类测量量具,如卡规、塞规和塞尺等,它们不能读出被测零件的实际尺寸数,但是能判断被测零件的形状以及尺寸等是否合格,这类量具被称为专用量具。

1. 塞规

塞规是用来检验工件内径尺寸的量具。它有2个测量面,小端尺寸按工件内径的最小极限尺寸制作,在测量内径时应能通过,称之为通规。大端尺寸按工件内径的最大极限尺寸制作,在测量内孔时不通过工件,称为止规。用塞规检验工件时,如果通规能通过且止规不能通过,说明该工件合格。二者缺一不可,否则就不合格。

2. 卡规

卡规是用来检验轴类工件外圆尺寸的量规,它有2个测量面,其中,大端尺寸按轴的最大极限尺寸制作,在测量时应通过轴颈,称为通规。小端尺寸按轴的最小极限尺寸制作,在测量时不通过轴颈,称为止规。用卡规检验轴类工件时,如果通规能通过且止规不能通过,说明该工件的尺寸在允许的公差范围内,是合格的。二者缺一不可,否则就不合格。

3. 塞尺

塞尺是用来检验2个贴合面相互间间隙大小的片状定值量具。它有2个平行的测量平面。每套塞尺由若干片组成，测量时，用塞尺直接塞入间隙，当一片或数片能塞入2个贴合面中间时，则其厚度为2个贴合面的间隙值。它可以单片使用，也可以多片叠起来使用，但在使用时片数越少越好。测量时注意不要折断，不能用力太大，也不能测量温度较高的工件，用完后注意保养好。

(七)常用量具的维护和保养

为了保持量具的精度，延长其使用寿命，对量具的维护和保养必须做到以下几点：

①测量前应将量具的测量面和工件的被测表面擦洗干净，以免脏物存在而影响测量精度和加快量具磨损。不能用精密测量器具测量粗糙的铸锻毛坯或带有研磨剂的表面。

②量具在使用过程中，不能与工具堆放在一起，也不能随便放在机床上，以免因机床振动而使量具掉落损坏。

③量具不能当其他工具使用，不能把量具放在磁场附近，以免使量具磁化。

④温度对测量结果影响很大，精密测量一定要在20℃左右进行，一般测量可在室温下进行，但必须使工件和量具的温度一致。发现精密量具有不正常现象时，使用者不要自行拆修，应及时送交计量室检修。

⑤量具要保持清洁，精密量具要定期送计量室检验，以免其示值超差而影响测量精度。

三、钳工常用设备、机床安装与改装

（一）钻床

钻床是钳工常用的孔加工机床，在钻床上可完成单孔和多个孔的钻孔、扩孔、锪孔、铰孔和加工螺丝等多项操作。

常用的钻床有台式钻床、立式钻床和摇臂钻床。

1. 台式钻床

台式钻床简称台钻。台钻结构简单，操作方便，适于在小型工件上钻、扩直径在 12 mm 以下的孔。图 3-1 为 Z4012 型台钻结构图。

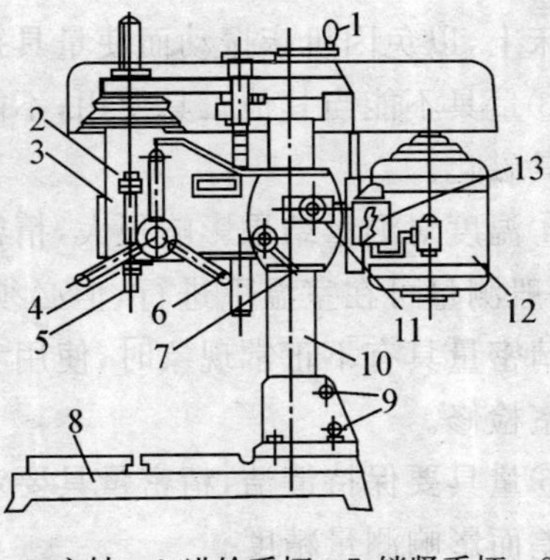

1. 摇把　2. 挡块　3. 机头　4. 螺母　5. 主轴　6. 进给手柄　7. 锁紧手柄　8. 底座
9. 螺栓　10. 立柱　11. 螺钉　12. 电动机　13. 转换开关

图 3-1　Z4012 型台式钻床

Z4012 型台钻的技术规格如下：

最大钻孔直径　　ϕ12 mm

主轴下端锥度　　莫氏 2 号短型

主轴最大行程　　100 mm

主轴中心线至立柱表面距离　　193 mm

主轴端面至底座面距离　　20～240 mm

电动机功率　　0.6 kW

主轴转速　　480～4 100 r/min，分 5 级

主轴绕立柱回转角度　　360°

机床外形尺寸　　690 mm×350 mm×695 mm

2. 立式钻床

立式钻床（立钻）是钻床中较为普通的一种，结构比较完善，适用于小批量、单件的中型工件的孔加工。图 3-2 为 Z525B 型立式钻床的外形图。

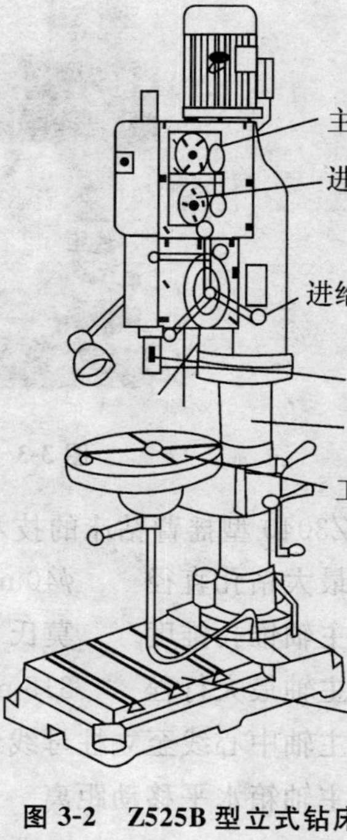

图 3-2　Z525B 型立式钻床

Z525B 型台钻的技术规格如下：

最大钻孔直径　　ϕ25 mm

主轴锥孔锥度　　莫氏 3 号锥度

主轴最大行程　　200 mm

主轴中心线至立柱表面距离　　315 mm

工作台移动行程　　385 mm

主轴端面至底座最大距离　　965 mm

主电动机功率　　1.5 kW

主轴最大扭矩　　100 N·m

主轴最大进给力　　9 000 N

主轴转速　　85～1 500 r/min,分 6 级

主轴进给量　　0.13～0.53 mm/r,分 4 级

冷却泵电动机功率及流量　　0.125 kW,22 L/min

机床外形尺寸　　1 000 mm×655 mm×2 260 mm

3. 摇臂钻床

摇臂钻床适合于在大型工件上进行单孔或多孔加工。图 3-3 为 Z3040 摇臂钻床的外形图。

图 3-3　Z3040 摇臂钻床

Z3040 型摇臂钻床的技术规格如下：

最大钻孔直径　　ϕ40 mm

主轴锥孔锥度　　莫氏 4 号锥度

主轴最大行程　　315 mm

主轴中心线至立柱母线最大距离　　1 250 mm

主轴箱水平移动距离　　900 mm

主轴端至底座工作面距离　350～1 250 mm
摇臂升降距离　600 mm
摇臂升降速度　1.2 m/min
摇臂回转角度　360°
主轴转速　25～2 000 r/min
主轴进给量　0.04～3.2 mm/r
刻度盘每转钻孔深度　122.5 mm
主轴最大扭矩　400 N·m
主轴最大进给力　16 000 N
主电动机功率　3 kW
机床轮廓尺寸　2 170 mm×1 035 mm×2 625 mm
机床质量　3 200 kg

(二)电动工具

1. 手电钻

手电钻(图 3-4)是一种便携式电动钻孔工具,在装配、修理工作中,当受工件形状或加工部位的限制不能用钻床钻孔时,则可使用手电钻加工。

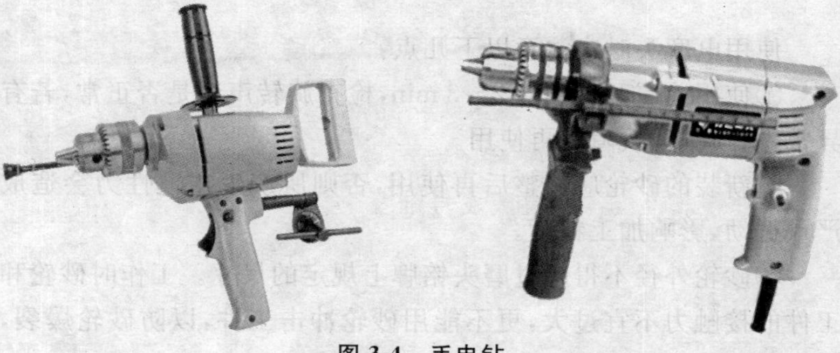

图 3-4　手电钻

手电钻的电源电压分单相(220 V,36 V)和三相(380 V)2 种。电钻的规格是以其最大钻孔直径来表示的,采用单相电压的手电钻规格有 6,10,13,19 和 23 mm 5 种;采用三相电压的电钻规格有 13,19 和 23 mm 3 种。在使用时可根据不同情况直接选择。

使用手电钻时应注意以下 2 点:

①使用前,应开机空转 1 min,检查传动部分是否正常,若有异常,应排除故障后再使用。

②所用钻头必须锋利,钻孔时不宜用力过猛。当孔快要钻穿时,须相应减轻压力,以免发生事故。

2. 电磨头

电磨头(图 3-5)属于高速磨削工具,它适合用于大型工、夹、模具的装配调整,如对各种形状复杂的工件进行修磨或抛光;装上不同形状的小砂轮,可修磨复杂的成形面;当用布轮代替砂轮,则可以进行抛光作业。

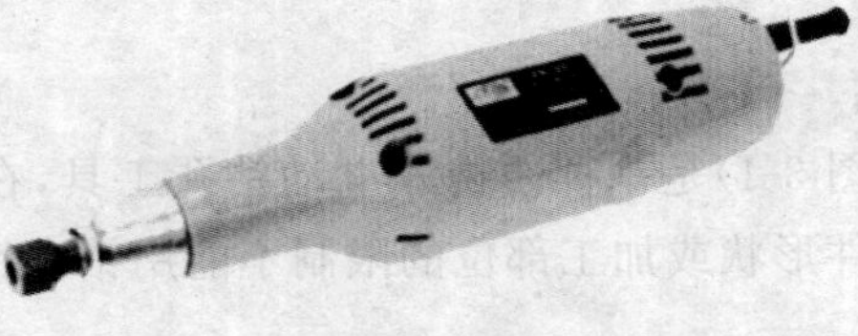

图 3-5 电磨头

使用电磨头时应注意以下几点:

①使用前应开机空转 2～3 min,检查旋转声音是否正常,若有异常,则须排除故障后再使用。

②新装的砂轮应修整后再使用,否则所产生的惯性力会造成严重振动,影响加工精度。

③砂轮外径不得超过磨头铭牌上规定的尺寸。工作时砂轮和工件的接触力不宜过大,更不能用砂轮冲击工件,以防砂轮爆裂,造成事故。

3. 电剪刀

电剪刀(图 3-6)使用灵活,携带方便,能用来剪切各种几何形状的金属板材。用电剪刀剪切后的板材,具有板面平整、变形小、质量好的优点。因此,它也是对各种复杂的大型板材直行落料加工的主要工具之一。

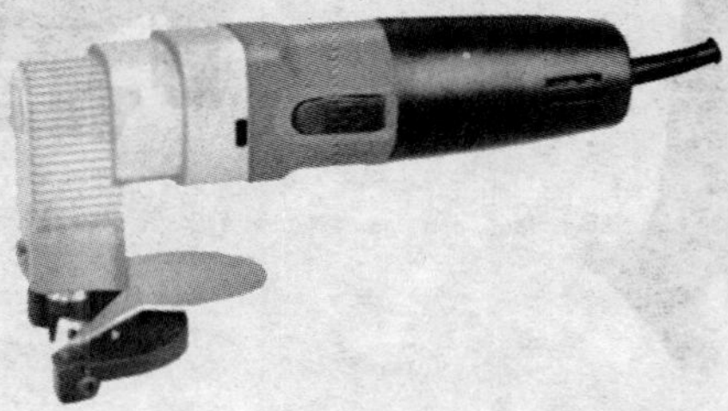

图 3-6 电剪刀

使用电剪刀时应注意以下几点:

①开机前应检查整机各部位螺钉是否紧固,然后开机空转,待运转正常后,方可使用。

②剪切时,两刀刃的间隙需根据材料厚度进行调试。剪切厚材料时,两刀刃的间隙为 0.2~0.3 mm;剪切薄板时,间隙为 0.2δ(δ 为板材厚度);做小半径剪切时,须将两刀刃间隙调至 0.3~0.4 mm。

4. 砂轮机

砂轮机(图 3-7)主要用于刃磨车刀、刨刀、钻头等形状较简单的刀具,也可用于打磨铸、锻工件的毛边。其特点是结构简单,使用方便。它由支座、电机、砂轮、砂轮罩等几个部分组成。新装砂轮一般应作动平衡校对修整。

使用砂轮时应注意以下几点:

①砂轮机的定位托板要安装在距砂轮间隔 5 mm 的位置。

②正确选用砂轮片,开机前人应站在砂轮一侧,开机后砂轮如不能正常运转,要检修后方能使用。

(a)立式砂轮机　　(b)台式砂轮机

图 3-7　砂轮机

③使用砂轮时应佩戴平光眼镜，以防铁屑飞溅，伤到眼睛。

④磨削工件时，不可用力过猛，以防砂轮爆裂。

5. 剪板机

剪板机(图 3-8)的形式较多，可分为直刀剪板机和圆盘刀剪板机。直刀剪板机又分为龙门剪板机和喉口剪板机；圆盘刀剪板机又分为圆盘剪板机、滚剪机、多圆盘剪板机和旋转式修边剪板机等几种。

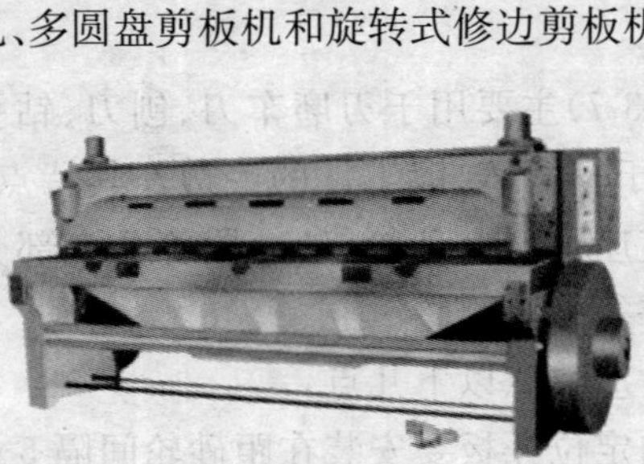

图 3-8　剪板机

(1)直刀剪板机　龙门剪板机是冲压车间应用最多的剪板机，只能剪切长度(或宽度)比刀片长度短的板材。龙门剪板机刀片的倾斜角小，刚性大，压板力大，每分钟行程次数多，能进行精密剪切。

喉口剪板机由于机架有喉口，所以当剪切宽度小于喉口深度时，采用纵向剪切可以剪切任何长度的板材。

(2)圆盘刀剪板机　圆盘刀剪板机是用2个圆盘状旋转刀专门进行板材圆形剪切的剪板机。这种剪板机装备有使板材在加工中容易转动的附件，主要用于制造小批量生产用的圆形坯料，可剪板厚度一般为1～6 mm。

滚剪机是使用2个圆盘状的旋转刀按划线进行一般曲线剪切的剪板机，用于制造小批量的异形坯料和一般曲线剪切。如果安装回转附件，也可进行圆形坯料剪切。可剪厚度一般为1～6 mm。

多圆盘剪板机是在两个平行布置的刀轴上，按条料的宽度安装若干个圆盘形旋转刀，圆盘刀旋转，把宽幅板材切成若干所需宽度的条料。

剪切冲型机也称振动剪，它有上、下配置的两个短刀，一刀固定，另一刀做高速短行程运动，连续对薄板进行直线和曲线剪切。如增加行程和闭合高度调整机构，换上相应的模具，还可进行折边、冲槽、压筋、切口、成形、翻边和仿形冲裁等加工。

6. 带锯机

带锯机有立式带锯床(图3-9)、卧式带锯床和万能带锯床等几种形式。

立式带锯床有2个或3个锯带传动轮，水平工作台在两轮之间。工作台可以是固定式，也可以是移动式和可倾式。倾斜角度一般左倾10°，右倾30°～50°，这样便于安装各种形状的工件。适用范围广，可切割直线、曲线的内、外轮廓，也可以切槽、开缝或切断下料。

图 3-9 立式带锯床

卧式带锯床采用凸轮控制，液压进给恒定，液压张紧锯带，锯削速度可无级调整，锯带锯裂可自动停车，自动送料系统可用单程或多程。锯带厚度薄，锯缝小，节省材料，耗能低，工作效率高，平稳可靠，适用于棒料类工件的加工。

万能带锯床一般全是液压传动。与一般立式带锯床的区别是：工件在工作台的虎钳中固定不动，立柱可以倾斜，在 45°以内切割任意斜面。输送机包括手动测量斜面或遥控自动测量斜面，并与工作台自动卸荷联合一起进行，由标准排屑输送带自动排屑。

（三）研磨与珩磨设备

1. 研磨机床

可分为双盘研磨机、外圆研磨机、立式内外圆研磨机等几种类型。

2. 研具

研具是研磨剂的载体，用以涂敷和镶嵌磨料，使游离磨料嵌入研具发挥切削作用，同时又是研磨成形的工具，把本身的几何形状精度按一定的方式传递到工件上。研具通常有平面研具、外圆柱面研具和内圆柱面研具。

3. 珩磨机床与珩磨头

珩磨机床有立式珩磨机和卧式深孔珩磨机。

珩磨头分为中等孔径的通用珩磨头、小孔珩磨头、短孔珩磨头、平顶珩磨头和大孔珩磨头。

（四）机床的安装与改装

1. 机床的基础

机床的自重、切削力等都将通过机床的支承部件而最后传递给地基，所以地基的质量直接关系到机床的加工精度、运动平稳性、机床的变形、磨损以及机床的使用寿命。因此，机床在安装之前，首要的工作是打好基础。

机床地基一般分为混凝土地坪式（车间水泥地面）和单独块状式两大类。切削过程中产生振动的机床，如插齿机、滚齿机采用单独块状式；对于高精度机床需采用防振地基，以防止外界振源对机床加工精度的影响。

2. 机床的安装

机床的安装通常有2种方法，一种是在混凝土地坪上直接安装机床，用调整垫铁调整水平后，在床脚周围浇灌混凝土固定机床。这种方法适用于小型机床和振动轻微的机床。另一种是用地脚螺栓将机床固定在块状式地基上，这是一种常用的方法。安装机床时，先将机床吊放在已凝固的地基上，然后在地基的螺栓孔内装上地脚螺栓，并用螺母将其连接在床脚上。待机床用调整垫铁调整水平后，用混凝土浇灌进地基方孔。混凝土凝固后，再次对机床调整水平，并均匀地拧紧地脚螺丝。

3. 机床的改装

机床改装的主要目的是提高机床的生产率和减轻工人的劳动

强度，提高机床的加工精度，扩大或改变机床的工作范围。

随着生产技术的不断发展和产品的不断更新，机械制造厂已有的许多金属切削机床中有的已经不能满足生产率和加工精度的要求，因此需不断更新。这可通过购买新型机床或对原有机床进行技术改造来解决。对原有的机床进行技术改造一般称为机床改装。这种方法工作量小，耗资少，见效快。

机床改装工作涉及的问题比较多，这里只介绍机床改装应注意的问题。

①确定机床改造方案。确定机床改装方案时，应充分了解机床原结构及工作性能，仔细探讨其改装的可靠性和实用性，以便于改装工作顺利进行。

②要有良好的技术经济效益。机床改装方案应有良好的技术经济效益，尽可能保留机床原有结构并充分利用原有的传动系统，以减轻改装工作量和改装费用，充分发挥机床原有性能。

③了解新技术、新设备。提出机床改装方案时，应广泛了解同类机床改装实例的相关资料及有关新技术和新装置的新信息，以便进行方案对比，使改装后的机床结构合理，技术先进，从而能更好地适用生产需要。

④保证刀具的切削性能。在提高机床运转速度或增大功率时，应采取相应措施增强机床薄弱环节的刚性和强度，以保证充分利用刀具的切削性能，从而提高机床的生产率，采用精密读数装置时，应相应提高有关传动机构的传动精度。

⑤注意改装后的可用性和安全保护装置。对机床进行自动化改装时，要特别注意机床改装后的可用性，设置必要的安全保护装置。

在生产实践中，我们要充分挖掘机床的潜力，减轻工人的劳动强度，提高生产效率。改装机床的主要方法有：提高机床的主体运动和进给运动度（改造主轴箱或进给箱的结构），采用高性能刀具，充分发挥现代刀具的切削性能，在机床上设置多刀附加刀架或多头轴，以便集中工序或工步进行加工。提高机床的自动化程度，减少辅助时间。作为钳工，还应该在条件不具备时，根据现有设备和加工产品的要求，设计刀具、夹具或用替代设备来克服由于受设备的限制带来的困难。

四、装配的基础知识

装配工作主要包括清洗、刮削、平衡和各种方式的联接。机器在装配过程中还需要通过校正来保证各零部件间的相对位置，使之符合装配精度要求。总装后的检验、试运转、油漆和包装等一般也属于装配工作。由于各种机器的性能和结构各有不同，其装配工作也各有特点，但装配的基本方法大体相同。

（一）常见的装配工作

1. 清洗

机器装配过程中的清洗对提高产品装配质量、延长使用寿命均有重要意义。特别对于轴承、精密零件、密封件以及有特殊清洗要求的工件等，更为重要。

清洗工艺常用的清洗液有煤油、汽油、碱液及各种化学清洗剂等。清洗方法有擦洗、浸洗、喷洗和超声波清洗等。其工艺参数需根据清洗要求、生产批量、工件材料、表面油脂、污物和机械杂质的性质及其黏附状况等因素确定。同时所选清洗液要与清洗方法相适应。

2. 刮削

刮削具有切削量小、切削力小、产生热量少和装夹变形小等特点。通过刮削能提高工件尺寸精度、形位精度、接触精度、传动精度及降低表面粗糙度值。虽然目前机械加工代替刮削的工艺已普遍采用，但刮削不仅用具简单，不受工件形状和位置及设备条件的限制，并能获得极高的精度，故在机械制造和修理中，仍是一种重要的工艺方法。

3. 平衡

旋转体的平衡有静平衡和动平衡 2 种。对直径较大且长度较小的零件(如飞轮和皮带轮等),为消除静力不平衡,一般是采用静平衡法。对于长度较大的零件(如电动机转子和机床主轴等),为消除质量分布不均匀所引起的力偶不平衡和可能共存的静力不平衡(静力不平衡过大时需先进行静平衡),则需采用动平衡法。

4. 联接

在装配过程中有大量的联接工作,联接的方式一般有 2 种:可拆卸联接和不可拆卸联接。常见的可拆卸有螺纹联接、键联接和销联接等。其中过盈联接多用于轴、孔的配合。过盈联接的方法有压入配合法、热胀配合法和冷缩配合法,一般机械常用压入配合法,重要机械或精密机械常用热胀或冷缩配合法。为保证联接质量,装配前零件要清洗洁净,检查有关尺寸公差和形位公差,必要时测出实际过盈量,进行分组选配或单配。

5. 配作

装配中的配作,通常指的是配钻、配铰、配刮及配磨等。配刮多用于运动件配合表面的精加工,为了提高生产率,装配工艺中应广泛采用以配磨代替配刮。配钻、配铰多用于固定联接,它们是以联接件中一个零件上已有的孔为基准,去加工另外一个零件上相应的孔。配钻用于螺纹联接;配铰多用于定位销孔的加工。配作是校正调整工作结合进行的,只有经过认真地校正调整之后才能进行配作。

(二)装配中常用的几种方法

在装配实践中,人们根据不同的机器,不同的生产类型和条件,归纳出 4 种保证装配精度的工艺方法:完全互换法、分组选配法、修配法和调整法。

1. 完全互换法

完全互换法装配是指机器中每个零件按图样尺寸加工合格后，不需再经过任何选择、修配和调整，就能达到完全互换要求。

2. 分组选配法

分组选配法的实质是将配合副中零件仍按经济精度制造(即制造公差放大)，然后选择合适的零件。用精密量仪测量分组，用不同色彩区别便于装配。

3. 修配法

修配法是指零件预留修配量，在装配过程中用手工锉、刮、研等方法修去该零件上多余部分材料，使装配精度满足技术要求。其优点是能够获得较高的装配精度，而零件的制造精度可以降低。

4. 调整法

调整法与修配法基本上相似，但具体方法不同。这种方法是用一个可调整的零件，在装配时调整它在机器中的位置，或增加一个尺寸零件(垫片、垫圈、套筒等)以达到装配精度。

(三)传动机构的装配

1. 带传动机构的装配

带传动机构装配的技术要求如下：

①带轮的安装要正确。其径向跳动量和端面圆跳动量应控制在规定的范围内。

②两带轮的中间平面应重合，其倾斜角和轴向偏移量不得超过规定要求。一般倾斜角不应超过1°，否则带易脱落或加快带侧面磨损。

③带轮工作表面粗糙度要符合要求，一般为 $R_a3.2\ \mu m$。过于粗糙，工作时加剧带的磨损；过于光滑，加工经济性差，且带易打滑。

④带的张紧力要适当。张紧力过小，不能传递一定的功率；张紧力过大，带、轴和轴承都将迅速磨损。

⑤带轮孔与轴为过渡配合，有少量过盈，同轴度较高，并且用坚固件做周向和轴向固定。

⑥安装 V 带时先将其套在小带轮轮槽中，然后套在大轮上，边转动大轮，边用一字旋具将带拨入带轮槽中。

2. 螺纹联接的装配

螺纹联接是一种可拆的固定联接，它具有结构简单、联接可靠、装拆方便等优点，在机械中应用广泛。

螺纹联接的装配技术要求如下：

①保证一定的拧紧力矩。为达到螺纹联接可靠性和坚固的目的，螺纹联接装配时应有一定的拧紧力矩，使螺纹间产生足够的预紧力。

②有可靠的防松装置。螺纹联接一般都有自锁性，通常情况下不会自行松脱，但在冲击、振动或交变载荷下，为防止螺纹联接松动，螺纹联接应有可靠的防松装置。

③保证螺纹联接的配合精度。螺纹配合精度由螺纹公差带和旋合长度 2 个因素确定，分为精密、中等和粗糙 3 种。

3. 螺纹联接的预紧与防松

①螺纹联接的预紧。一般的螺纹联接可用普通扳手或电动、风动扳手拧紧；有规定预紧力的螺纹联接，常用控制扭矩法、控制扭角法和控制螺栓伸长法等来保证准确的预紧力。

②螺纹联接的防松。螺纹联接用于振动或冲击场合，会发生松动，为防止螺钉或螺母松动必须有可靠的防松装置。防松的根本问题在于防止螺纹副的相对转动。

4. 螺母、螺钉的装配要点

①螺杆不产生弯曲变形，螺钉头部、螺母底面与联接件接触良好。

②被联接件应均匀受压，互相紧密贴合，联接牢固。

③装配组螺母或螺钉时，为使被联接件及螺杆受力均匀一致，

不产生变形，应根据被联接件形状和螺母或螺钉的分布情况，按照先中间、后两边的原则分层次、对称、逐步拧紧，如图 4-1 所示。

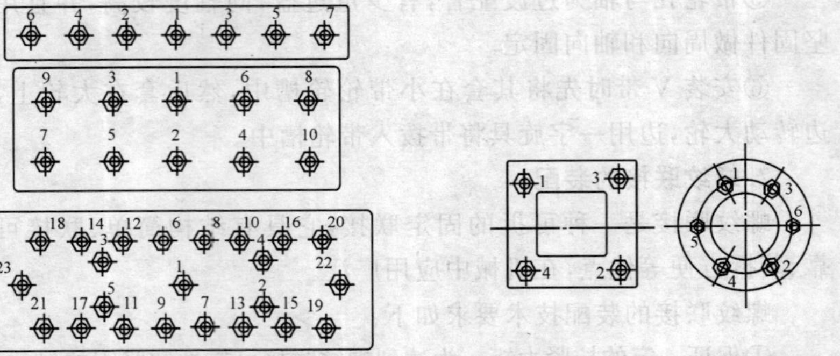

(a)多孔螺钉拧紧顺序　　(b)四孔、六孔成组螺钉拧紧顺序

图 4-1　成组螺钉拧紧顺序

5. 键联接的装配

键是用来联接轴和轴上零件、用于周向固定以传递扭矩的一种机械零件。它具有结构简单、工作可靠、装拆方便等优点，得到广泛应用。

根据结构特点和用途不同，键联接可分为松键联接、紧键联接和花键联接 3 大类。

(1)松键联接的装配　松键联接的类型特点及应用如表 4-1 所示。

①松键联接是靠键的侧面来传递扭矩，只对轴上零件做周向固定，不能承受轴向力，它能保证轴与轴上零件有较高的同轴度，在高速精密联接中应用较多。松键联接包括普通平键联接、半圆键联接、导向平键联接及滑键联接等。

②保证键与键槽的配合要求，键与轴槽和轮毂槽的配合性质一般取决于机构的工作要求，由于键是标准件，各种不同的配合性质的获得，要靠改变轴槽、轮毂槽的极限尺寸来得到。

表 4-1　松键联接的类型特点及应用

松键联接类型	简　图	特点及应用
普通平键联接	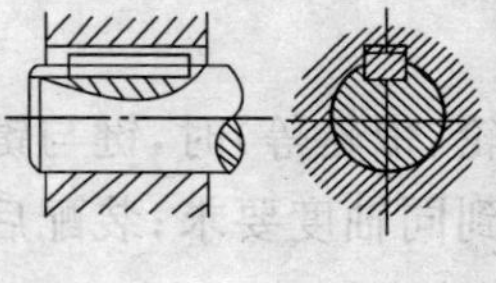	键与轴槽采用 P9/h9 或 N9/h9 配合，键与轮毂采用 Js9/h9 或 P9/h9 配合，即键在轴上和轮毂上均固定。常用于高精密、传递重载荷、冲击及双向扭矩的场合
半圆键联接	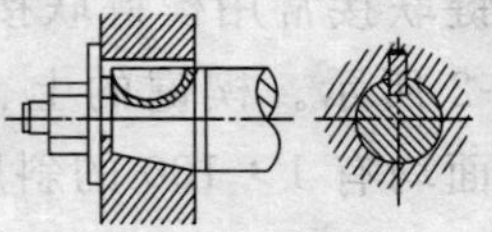	键在键槽中能绕槽底圆弧曲率半径摆动，采用 G9/h9 配合，键与轮毂槽采用 Js9/h9sg 配合。一般用于轻载，常用于轴的锥形端面
导向平键联接	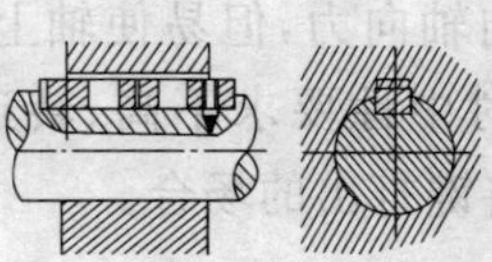	键与轴槽采用 H9/h9 配合，并用螺钉固定在轴上，键与轮槽采用 D10/h9 配合，轴上零件能做轴向移动。常用轴上零件轴向移动量不大的场合
滑键联接	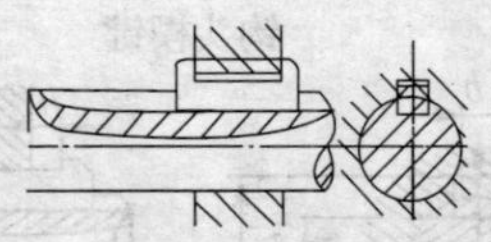	键固定在轮毂槽中(较紧配合)，键与轴槽为间隙配合，轴上零件能带键做轴向移动。用于轴上零件轴向移动量较大的场合

③键与键槽应具有较小的表面粗糙度。

④键装入轴槽中应与槽底贴紧，键长方向与轴槽有 0.1 mm 的间隙，键的顶面与轮毂槽之间有 0.3～0.5 mm 的间隙。

松键联接的装配要点如下：

①清理键槽上的毛刺，以防配合产生过大的过盈量而损坏配合的正确性。

②对于重要的键联接，装配前应检查键的直线度，键槽对轴心线的对称度及平行度等。

③用键的头部与轴槽试配，应能使键较紧地嵌在轴槽中(对普

通平键和导向平键而言)。

④锉配键长时,在键长方向上键与轴槽留 0.1 mm 左右的间隙。

⑤在配合面上加机油,用铜棒或台虎钳将键压装在轴槽中,并与槽底接触良好。

⑥试配并安装套件(如齿轮、带轮等)时,键与键槽的非配合面应留有间隙,以便轴与套件达到同轴度要求;装配后的套件在轴上不能左右摆动,否则,容易引起冲击振动。

(2)紧键联接的装配 紧键联接常用楔键联接。楔键分普通楔键和钩头楔键两种,如图 4-2 所示。楔键的上、下两面是工作面,键的上表面和轮毂槽的底面均有 1∶100 的斜度,键侧与键槽间有一定的间隙。装配时须打入,靠过盈来传递扭矩,紧键联接还能轴向固定零件和传递单方向轴向力,但易使轴上零件与轴的配合产生偏心和歪斜。多用于对中性要求不高、转速较低的场合。钩头楔键用于不能从另一端将键打出的场合。

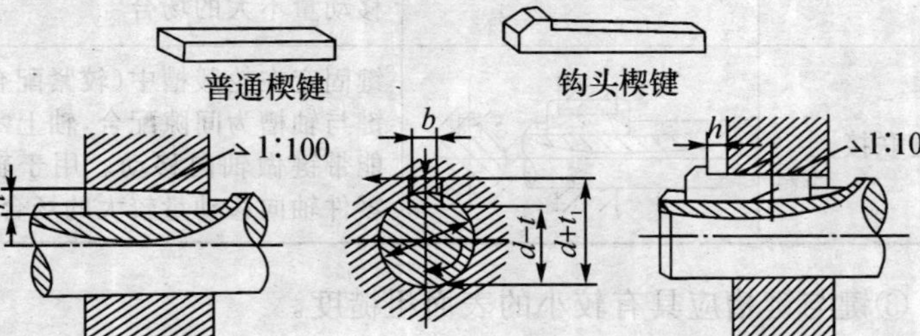

(a)普通楔键联接 (b)钩头楔键联接

图 4-2 楔键联接

楔键联接的装配技术要求如下:

①楔键斜度应与轮毂槽的斜度一致,否则,套件会发生歪斜,同时降低联接强度。

②楔键与槽的 2 个侧面要留有一定的间隙。

③对于钩头楔键,不应使钩头紧贴套件端面,必须有一定距

离，以便拆卸。

楔键联接装配要点如下：

装配楔键时，要用涂色法检查楔键上、下表面与轴槽或轮毂槽的接触情况，若接触不良，应修整键槽。合格后，在配合面加润滑油，轻敲入内，保证套件周向、轴向固定可靠。

（3）花键联接的装配　花键联接具有承载能力强、传递扭矩大、同轴度和导向性好、对轴强度削弱小等特点，适用于大载荷和同轴度要求较高的连接，在机床和汽车工业中应用广泛。

按工作方式分，花键联接有静联接和动联接 2 种。花键已标准化，按齿廓形状分，花键可分为矩形花键和渐开线花键 2 种，图 4-3 所示为矩形花键及其联接。

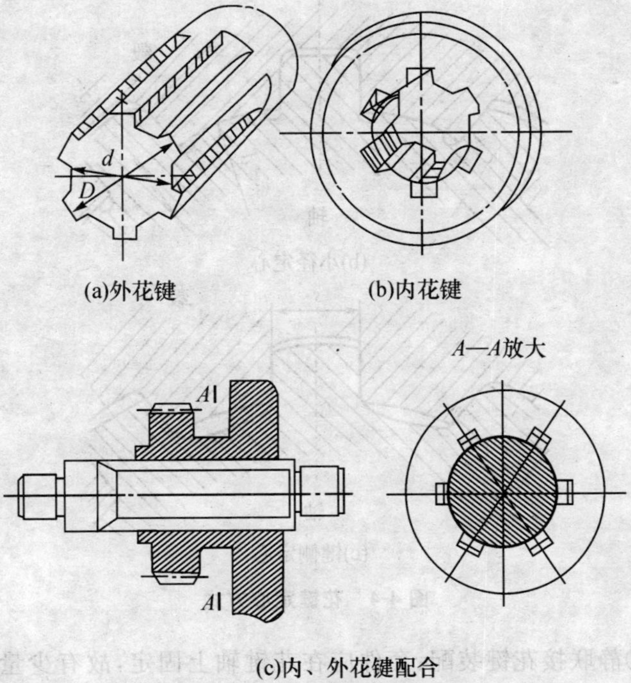

(a)外花键　(b)内花键

(c)内、外花键配合

图 4-3　矩形花键及其联接

花键配合的定心方式有大径定心、小径定心和键侧定心 3 种，如图 4-4 所示。GB 1144—87 中规定采用精度高、质量好的小径定心方式。

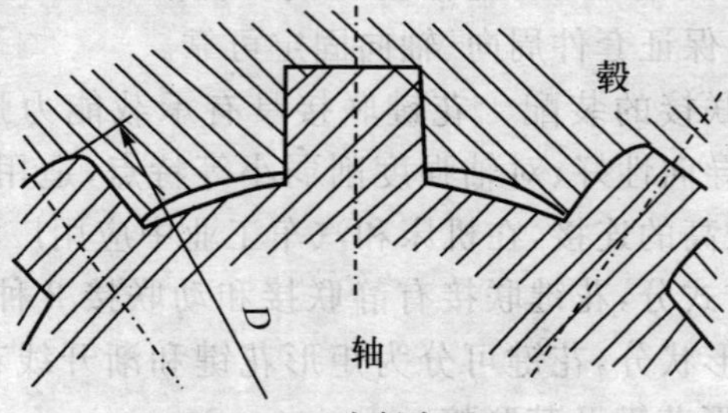

(a)大径定心

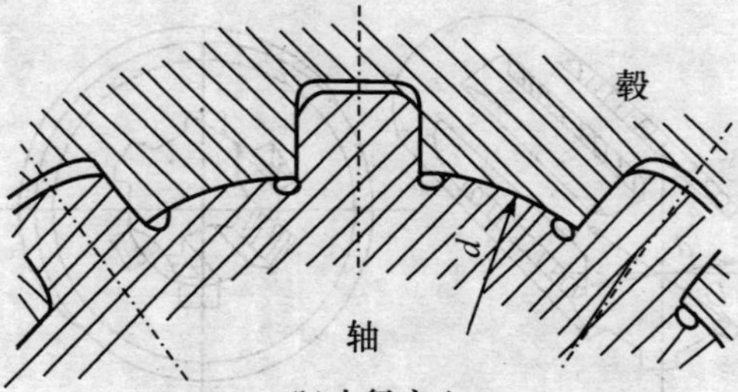

(b)小径定心

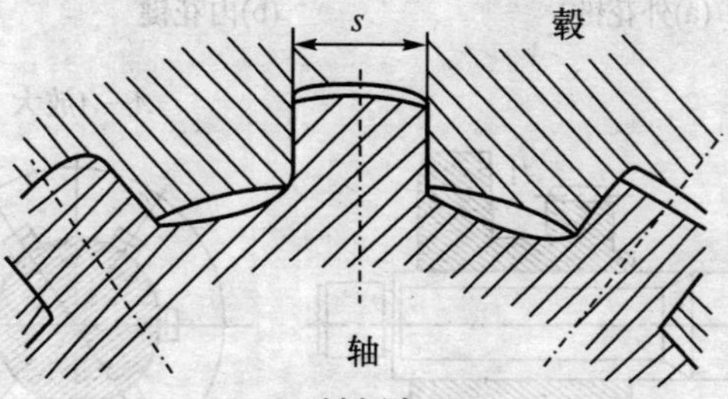

(c)键侧定心

图 4-4 花键定心方式

①静联接花键装配：套件应在花键轴上固定，故有少量过盈，装配时可用铜棒轻轻敲入，但不得过紧，以防拉伤配合表面，过盈

量较大时，应将套件加热至 80～120 ℃后，进行热装。

②动联接花键装配：套件在花键轴上可以自由滑动，没有阻滞现象，但间隙应适当，用手摆动套件时，不应感觉有明显的周向间隙。

键的损坏形式及修复方法如下：

①键磨损和损坏，一般应更换新键。

②轴与轮上的键槽损坏，可用锉削和铣削的方法将键槽加宽，再配制新键。

③大型花键轴磨损，可进行镀铬或堆焊，然后再按加工到规定尺寸的方法进行修复。堆焊时要缓慢冷却，以防花键轴变形。

6. 过盈联接的装配

利用材料的弹性变形，把具有一定配合过盈量的轴和毂孔套装起来的联接，称为过盈联接，如图 4-5 所示。

过盈联接具有结构简单、对中性好、承载能力强、在冲击和振动载荷下工作可靠等优点。缺点是过盈联接配合表面的加工精度要求高，装拆较困难。多用于承受重载及无需经常装拆的场合。

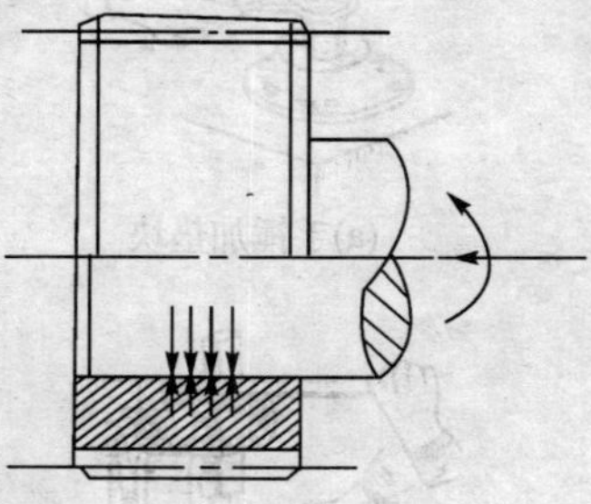

图 4-5 过盈联接

过盈联接的装配要求如下：

①配合表面具有较小的表面粗糙度值。

②孔端和轴的进入端一般应有 5°～10°的倒角。

③装配后的最小实际过盈量应能保证 2 个零件的正确位置和联接的可靠性。

④装配后的实际过盈量应保证不会使零件受到损伤甚至破坏。

过盈联接的装配要点如下：

①应保证配合表面的清洁。

②装配前配合表面应涂油，以防止装配时擦伤表面。

③装配时，压入过程应保持连续，速度通常为 2～4 mm/s。

④对细长件或薄壁件，须注意检查过盈量和形位偏差。装配时应垂直压入，以防变形。过盈联接的装配方法包括圆弧面过盈联接装配和圆锥面过盈联接装配。

(1)圆弧面过盈联接的装配　圆弧面过盈联接依靠轴、孔尺寸差获得过盈。过盈量大小不同，采用的方法也不同。

①压入法：当过盈量及配合尺寸较小时，一般采用在常温下压入装配，如图 4-6 所示。

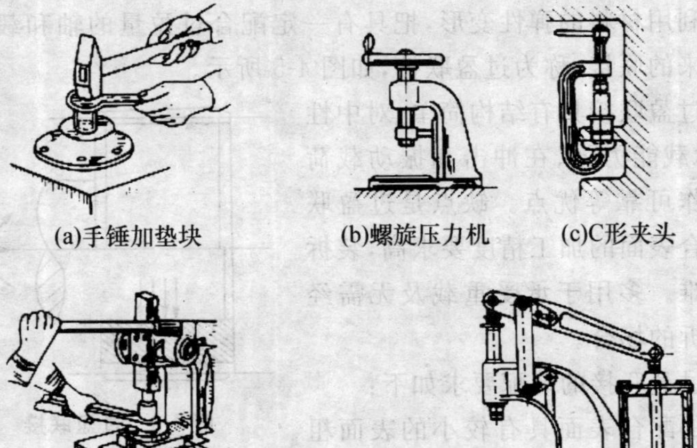

(a)手锤加垫块　(b)螺旋压力机　(c)C形夹头

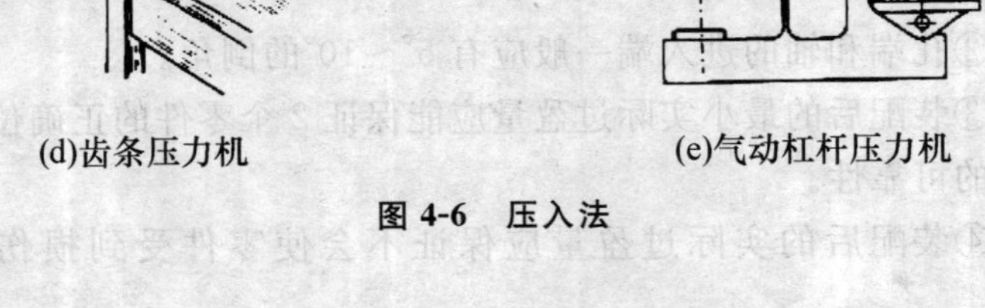

(d)齿条压力机　(e)气动杠杆压力机

图 4-6　压入法

②热胀法：装配前先将孔加热，使之胀大，然后将其套装于轴上，待其冷却后，轴、孔就形成过盈联接。热胀配合的加热方法应根据过盈量及套件尺寸的大小选择。过盈量较小的联接件可放在沸水槽(80～100 ℃)、蒸汽加热槽(120 ℃)和加油槽(90～320 ℃)中加热；过盈量较大的小燕型联接件可放在电阻炉或红外线辐射加热箱中加热；过盈量大的大中型联接件可用感应加热器加热。

③冷缩法：冷缩法是将轴进行低温冷却，使之缩小，然后与常温孔装配，得到过盈联接。过盈量小的小型联接件和薄壁衬套等装配，可采用干冰将轴件冷却至－78 ℃；过盈量较大的联接件装配，可采用液氮将轴件冷却至－195 ℃。

(2)圆锥面过盈联接的装配　圆锥面过盈联接是利用轴毂之间产生相对轴向位移来实现的，主要用于轴端联接。常用的装配方法有两种。

①螺母压紧法：如图 4-7 所示，拧紧螺母可使配合面压紧形成锥面过盈联接。通常锥度取 1∶(8～30)。

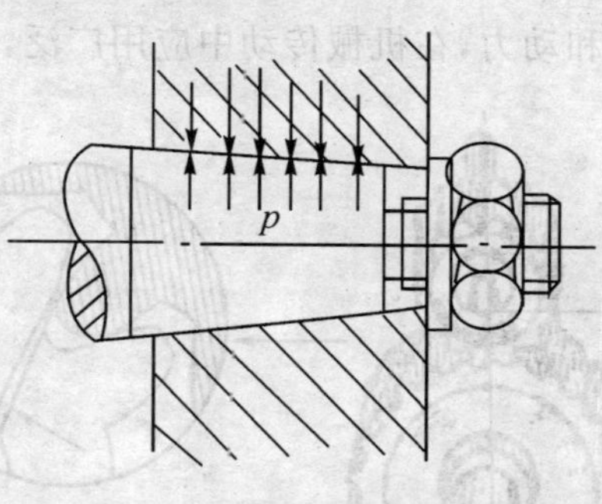

图 4-7　螺母压紧形成圆锥面过盈联接

②液压套合法：装配时用高压油泵将油由包容件上油孔和油沟压入配合面间，如图 4-8(a)所示，也可以由被包容件上的油孔和油沟压入配合面间，如图 4-8(b)所示。高压油使包容件内径胀大，被包容件外径缩小，施加一定的轴向力，就能使之相互

压入。当压入至预定的轴向位置后,排出高压油,即可形成过盈联接。这种方法多用于承载较大且需多次拆装的场合,最适用于大型零件。

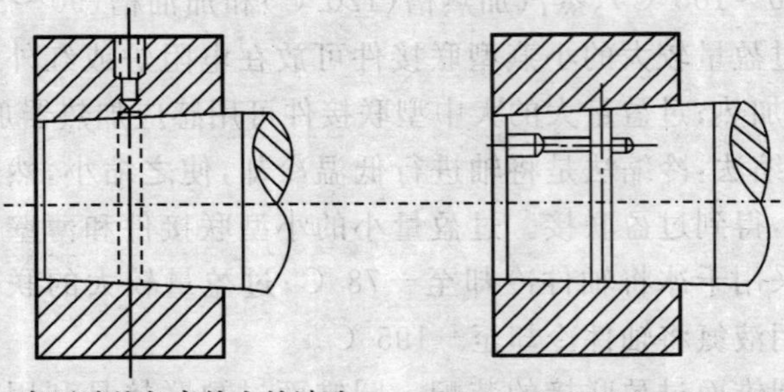

(a)高压油从包容件上的油孔和油沟压入配合面间　(b)高压油从被包容件上的油孔和油沟压入合面间

图 4-8　液压装配圆锥面过盈联接

7. 齿轮传动机构的装配

齿轮传动是机械中最常用的传动方式之一,它依靠轮齿间的啮合来传递运动和动力,在机械传动中应用广泛,如图 4-9 所示。

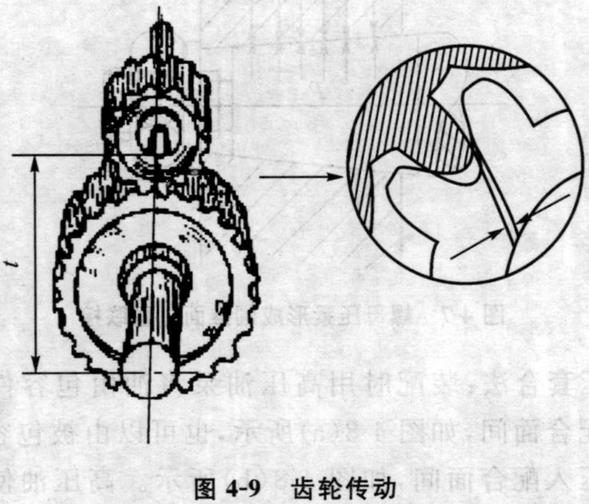

图 4-9　齿轮传动

其优点是传动比恒定、变速范围大、传动效率高、传动功率大、结构紧凑和使用寿命长等；缺点是噪声大、无过载保护、不宜用于远距离传动、制造装配要求高等。

(1)齿轮传动机构的装配技术要求

①齿轮孔与轴的配合要满足使用要求。如空套齿轮在轴上；滑移齿轮不应有咬死或阻滞现象；固定齿轮不得有偏心或歪斜现象。

②保证齿轮有准确的安装中心距和适当的齿轮间隙。齿轮间隙是指齿轮副非工作表面法线方向距离，如图 4-9 所示。侧隙过小，齿轮转动不灵活，热胀时易卡齿，从而加剧齿面磨损；侧隙过大，换向时空行程大，易产生冲击和振动。

③保证齿面有正确的接触位置和足够的接触面积。

④进行必要的平衡试验。对转速高、直径大的齿轮，装配前应进行平衡检查，以免工作时产生过大的振动。

(2)圆柱齿轮传动机构的装配　装配圆柱齿轮传动机构时，一般是先把齿轮装在轴上，再把齿轮轴部件装入箱体。

①齿轮与轴的装配：在轴上空套或滑移的齿轮，一般与轴为间隙配合，装配精度主要取决于零件本身的加工精度，这类齿轮装配较方便。

在轴上固定的齿轮，与轴的配合多为过渡配合，有少量的过盈。装配时需加一定的外力。如过盈量较小时，用手工工具敲击装入；过盈量较大时，可用压力机压装或采用液压套合的装配方法。压装齿轮时要尽量避免齿轮偏心、歪斜和端面未紧贴轴肩等安装误差，如图 4-10 所示。

对于精度要求高的齿轮传动机构，压装后应检查径向跳动量和端面跳动量。

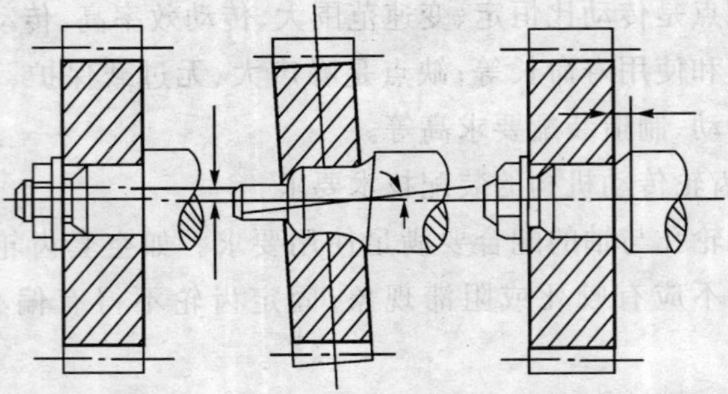

(a)安装正确 (b)安装歪斜 (c)安装未紧贴轴肩

图 4-10 齿轮在轴上的安装误差

②齿轮轴装入箱体：齿轮的啮合质量要求包括适当的齿侧间隙和一定的接触面积以及正确的接触位置，齿轮啮合的质量好坏，除了齿轮本身的制造精度，箱体孔的尺寸精度、形状精度及位置精度，都直接影响齿轮的啮合质量。所以，齿轮轴部件装配前应检查箱体的主要部位是否达到规定的技术要求。

(3)装配前对箱体的检查

①相互啮合的一对齿轮安装时，安装中心距是影响齿侧间隙的主要因素，应使孔距在规定的公差范围内。孔距检查方法如图 4-11 所示。

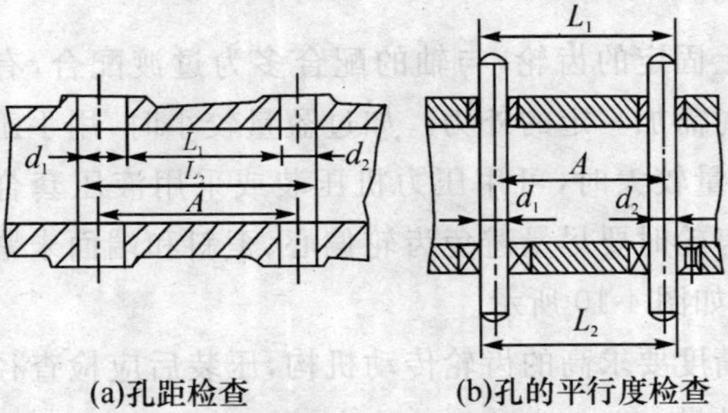

(a)孔距检查 (b)孔的平行度检查

图 4-11 箱体孔距检查

②孔系(轴系)平行度检查如图 4-11 所示,也可作为齿轮安装孔中心线平行度的测量方法。

③孔轴线与基面距离尺寸精度和平行度检查如图 4-12 所示,箱体基面用等高垫块支承在平板上,心棒与孔紧密配合。

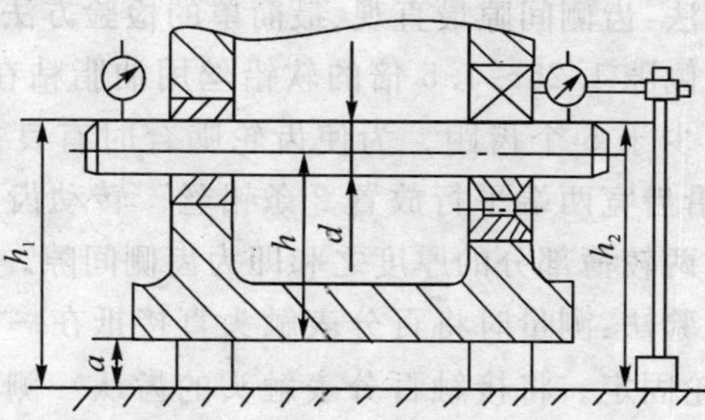

图 4-12 孔轴线与基面距离平行度检查

④孔中心线与端面垂直度检查如图 4-13 所示,这是常用的 2 种方法。将带圆盘的专用心棒插入孔中,用涂色法或塞尺检查孔中心线与孔端面的垂直度。

图 4-13 孔中心线与端面垂直度检查

⑤孔中心线同轴度检查用专用检验心棒进行,若心棒能自由地推入几个孔中,表明孔同轴度合格。有不同直径的孔时,用不同外径的检验套配合检验,以减少检验心棒数量。

(4)装配质量的检验　齿轮轴部件装入箱体后，必须检查其装配质量。装配质量的检验包括齿侧间隙的检验和接触精度的检验。

①齿侧间隙检验的常用方法有2种：

铅丝检验法：齿侧间隙最直观、最简单的检验方法就是压铅丝法。将直径为侧隙1.25～1.5倍的软铅丝用油脂粘在小齿轮上，铅丝长度不应少于5个齿距。为使齿轮啮合时有良好的受力状况，应在齿面沿齿宽两端平行放置2条铅丝。转动齿轮测量铅丝挤压后相邻的两较薄部分的厚度之和即为齿侧间隙。

百分表检验法：测量时将百分表触头直接抵在一个齿轮的齿面上，另一齿轮固定。将接触百分表触头的齿从一侧啮合迅速转到另一侧啮合，百分表上的差值即为侧隙。

②接触精度的主要指标是接触亮点，其检验一般用涂色法。将红丹粉涂于主动齿轮齿面上，转动主动齿轮并使从动齿轮轻微制动后，即可检查其接触斑点。对双向工作的齿轮，正反两个方向都应检查。

齿轮上接触印痕瓣面积大小，应该随齿轮精度而定。一般传动齿轮(9～6级精度)在轮齿高度上接触斑点应不少于30%～50%，在轮齿的宽度上应不少于40%～70%，其分布的位置应是自节圆处上下对称分布。

通过接触斑点的位置及面积的大小，可以判断装配时产生误差的原因。影响齿轮接触精度的主要因素是齿形精度及安装是否正确。当接触斑点位置正确而面积太小时，是由于齿形误差太大所致，应在齿面上加研磨剂并使两轮转动进行研磨，以增加接触面积。齿形正确而安装有误差造成接触不良的原因及调整方法见表4-2。

表 4-2 渐开线圆柱齿轮接触斑点状况分析及调整方法

接触斑点	状况分析	调整方法
正常接触		在中心距允差范围内,调整轴承座或刮削轴瓦
上齿面接触	中心距偏大	
下齿面接触	中心距偏小	
同向偏接触	两齿轮轴线不平行	
异向偏接触	两齿轮轴线相对歪斜	
单面偏接触	两齿轮轴线不平行且歪斜	检查并校正齿轮端面与回转中心线的垂直度
游离接触	齿轮端面与回转中心线不垂直	
鳞状接触	齿面有波纹或带有毛刺	修整毛刺

8. 圆锥齿轮传动机构的装配

装配圆锥齿轮传动机构的顺序和装配圆柱齿轮传动机构的顺序相似。

(1)箱体检验 圆锥齿轮一般是传递互相垂直的两条轴之间的运动,装配之前需检验两个安装孔轴线的垂直度和相交程度。

(2)两圆锥齿轮轴向位置的确定 当一对标准的圆锥齿轮传动时,必须使两齿轮分度圆锥相切、两锥顶重合。装配时据此来确定小圆锥齿轮的轴向位置,即小圆锥齿轮轴向位置按安装距离来确定。如此时大圆锥齿轮尚未安装好,可用工艺轴代替,然后按侧隙要求确定大圆锥齿轮的轴向位置,通过调整垫圈厚度将齿轮的位置固定。

用背锥面作基准的圆锥齿轮的装配,应将背锥面对齐、对平。

(3)圆锥齿轮装配质量的检验 装配质量的检验包括齿侧间

隙的检验和接触斑点的检验。

①齿侧间隙检验:其检验方法与圆柱齿轮基本相同。

②接触斑点检验:接触斑点检验一般用涂色法。在无载荷时,接触斑点应靠近轮齿小端,以保证工作时轮齿在全宽上能均匀地接触。满载荷时,接触斑点在齿高和齿宽方向不少于40%~60%(随齿轮精度而定)。

直齿圆锥齿轮涂色检验时接触斑点状况分析及调整方法见表4-3。

表4-3 直齿圆锥齿轮接触斑点状况分析及调整方法

接触斑点	状况分析	调整方法
正常接触	接触区在齿宽中部偏小端	
上下齿面接触	接触区小齿轮在上(下)齿面,大齿轮在下(上)齿面,小齿轮轴向位置误差	小齿轮沿轴线向大齿轮方向移出(移近),如侧隙过大(过小),将大齿轮朝小齿轮方向移近(移出)
同向偏接触	齿轮副同在近小端或同大端处接触,齿轮副轴线交角太大或太小	不能用一般方法调整。必要时修刮轴瓦或返修箱体
异向偏接触	齿轮副分别在轮齿一侧大端接触,另一侧小端接触,齿轮副轴线偏移	检查零件误差,必要时修刮轴瓦

(4)齿轮传动机构的修复　齿轮传动机构工作一定时间后会产生磨损、润滑不良或过载使磨损加剧,齿面出现点蚀、胶合和塑性变形,齿侧间隙增大,噪声增加,传动精度降低,严重时甚至发生轮齿断裂。

①齿轮磨损严重或轮齿断裂时,应更换新齿轮。

②如果是小齿轮与大齿轮啮合,一般小齿轮比大齿轮磨损严重,应及时更换小齿轮,以免加速大齿轮磨损。

③大模数、低转速的齿轮，个别轮齿断裂时，可用镶齿法修复。

④大型齿轮轮齿磨损严重时，可采用更换轮缘法修复，具有较好的经济性。

⑤圆锥齿轮因轮齿磨损或调整垫圈磨损而造成侧隙增大时，应进行调整。调整时，将 2 个圆锥齿轮沿轴向移近，使侧隙减小，再选配调整垫圈厚度来固定 2 个齿轮的位置。

9. 蜗杆传动机构的装配

蜗杆传动机构用来传递互相垂直的空间交错两轴之间的运动和动力，如图 4-14 所示，常用于转速需要急剧降低的场合。它具有降速比大、结构紧凑、有自锁性、传动平稳、噪声小等优点，缺点是传动效率较低，工作时发热大，需要有良好的润滑。

(1)蜗杆传动机构的装配技术要求　通常的蜗杆传动是以蜗杆为主动件，其轴心线与蜗轮轴心线在空间交错轴间交角为 90°。装配时应符合以下技术要求：

①蜗杆轴心线应与蜗轮轴心线垂直，蜗杆轴心线应在蜗轮轮齿的中间平面内。蜗杆与蜗轮间的中心距要准确，以保证有适当的齿侧间隙和正确的接触斑点。

②转动灵活，蜗轮在任意位置旋转蜗杆手感相同，无卡死现象。

图 4-14　蜗杆传动

(2)蜗杆传动机构箱体装配前的检验　为了确保蜗杆传动机构的装配要求，通常是先对蜗杆箱体上蜗杆轴孔中心线与蜗轮轴孔中心线间的中心距和垂直度进行检验，然后进行装配。

(3)箱体孔的中心距检验　检验箱体孔的中心距可按图 4-15 所示的方法进行。

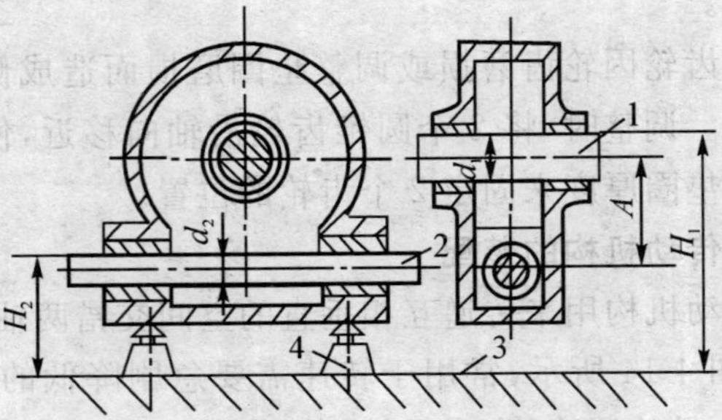

图 4-15　蜗轮轴孔与蜗杆轴孔中心距的检验

将箱体用 3 只千斤顶支承在平板上，测量时，将检测心轴 1 和 2 分别插入箱体蜗轮和蜗杆轴孔中，调整千斤顶，使其中一个心轴与平板平行后，再分别测量两心轴至平板的距离，即可计算出中心距 A：

$$A=(H_1-d_1/2)-(H_2-d_2/2)$$

式中：H_1 为心轴 1 至平板距离，mm；H_2 为心轴 2 至平板距离，mm；d_1、d_2 分别为心轴 1 和 2 的直径，mm。

(4)箱体孔轴心线间垂直度的检验　检验箱体孔轴心线间的垂直度可按图 4-15 所示方法进行。

检验时，先将蜗轮孔心轴和蜗杆孔心轴分别插入箱体上蜗杆和蜗轮的安装孔内，在蜗轮孔心轴上的一端套装有百分表的支架，并用螺钉固定，百分表触头抵住蜗杆心轴。旋转蜗轮孔心轴，百分表在蜗轮心轴上 L 长度范围内的读数差，即为两轴线在 L 长度范围内的垂直度误差值。

(5)蜗杆传动机构的装配　一般情况下，装配工作从装配蜗轮开始，其步骤如下：

①组合式蜗轮应先将齿圈压装在轮毂上,方法与过盈配合装配相同,并用螺钉固紧。

②将蜗轮装在轴上,其安装及检验方法与圆柱齿轮相同。

③把蜗轮轴组件装入箱体,然后再装入蜗杆。一般蜗杆轴的位置由箱体孔确定,要使蜗杆轴线位于蜗轮蜗齿的中间平面内,可通过改变调整垫片厚度的方法,调整蜗轮的轴向位置。

(6)蜗杆传动机构装配质量的检验

①蜗轮的轴向位置及接触斑点的检验:用涂色法检验其啮合质量。先用红丹粉涂在蜗轮孔的螺旋面上,并转动蜗杆,可在蜗轮轮齿上获得接触斑点,其接触斑点应在蜗轮轮齿中部稍偏于蜗杆旋出方向,接触斑点的长度,轻载时为齿宽的25%～50%,满载时为齿宽的90%左右。

②齿侧间隙检验:一般要用百分表测量,在蜗杆上固定一带量角器的刻度盘,百分表触头抵在蜗轮齿面上,用手转动蜗杆,在百分表指针不动的条件下,用刻度盘相对固定的指针的最大空程角判断侧隙大小。装配后的蜗杆传动机构,还要检查其转动灵活性,蜗轮在任何位置上,用手旋转蜗杆所需的扭矩应相同,没有咬住现象。

(7)蜗杆传动机构的修复

①一般传动的蜗杆蜗轮磨损或划伤后,要更换新的。

②大型蜗轮磨损或划伤后,为了节约材料,一般采用更换轮缘法修复。

③分度用的蜗杆机构(又称分度蜗轮副)传动精度要求很高,修理工作复杂、精细,一般采用精滚齿后剃齿或珩磨法进行修复。

五、机床夹具及常用钻床夹具

在机械制造的机械加工、检验、装配、焊接和热处理等冷热工艺过程中，使用大量的夹具安装加工对象，使之固定在正确的位置，以保证零件和产品的质量，改善劳动条件并提高劳动生产率及降低成本。

在机床上加工工件时，为保证工件加工精度，必须正确安装工件，使其相对机床切削成形运动和刀具占有正确位置，这一过程称为定位。为了不因受切削力、惯性力、重力等外力作用而破坏工件已定的正确位置，还必须对其施加一定的夹紧力，这一过程称为夹紧。所谓机床夹具就是机床上所使用的一种辅助设备，用它来准确地确定工件与刀具的相对位置，即将工件定位及夹紧，以完成加工所需要的相对运动。所以机床夹具是用以使工件定位和夹紧的机床附加装置。

在钻床上进行孔的钻、扩、铰、锪、攻螺纹等加工所用的夹具，称为钻床夹具(又称钻模)，如图 5-1 所示。

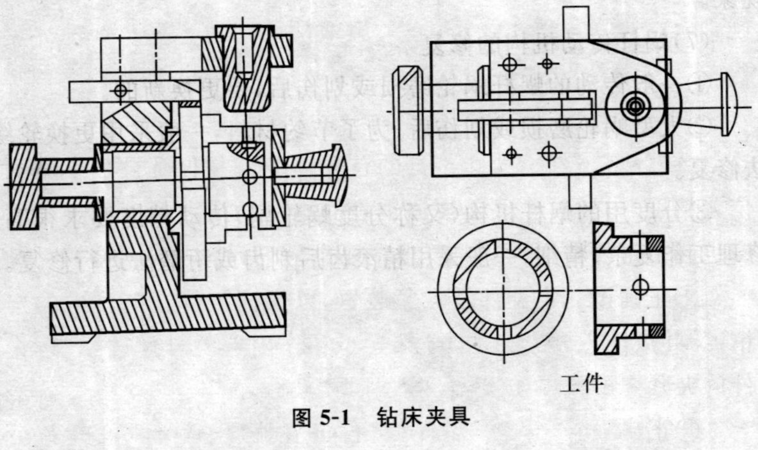

图 5-1　钻床夹具

在钻床夹具上，一般都装有钻套，通过它来引导刀具，保证被加工孔的坐标位置，并防止钻头在切入时引偏，从而保证和提高被加工孔的位置精度、尺寸精度及降低孔的表面粗糙度，还可缩短工序时间，提高生产率。

(一)机床夹具设计的基本要求

夹具设计的原则是经济而适用。夹具设计的基本要求是好用、好造和好修，其中好用是主要的，但不能脱离工序的要求和生产的具体情况而过分强调，还应从工厂的实际制造条件出发来考虑好造、好修的问题。

具体要求有以下几点。

(1)夹具的结构应与其用途及生产规模适应　夹具的用途和产品的生产规模大小不同，夹具的结构形式也不一样。在小批量生产中，夹具的用途主要是扩大机床的工作范围，以达到保证新产品质量为主要目的。在大批量生产中，夹具的作用除有上述之外，还要考虑尽量提高劳动生产率的问题。为此在夹具结构上也有所区别。在小批量生产中，广泛采用单件加工的夹具及手动夹紧机构；在大批量生产中，广泛采用多件夹紧机构、机动夹紧装置等高效夹具及自动化夹具。

(2)保证工件精度　夹具的首要任务就是保证被加工表面的位置精度，另外对于保证被加工表面本身的尺寸精度和表面粗糙度也起一定的作用。这些要求主要是由下列各项来保证：

①正确设计定位件及夹紧装置，以保证工件在夹具中的定位精度，并应注意夹紧力的方向、大小和作用点的合理选择，防止工件的夹紧变形或损伤。

②正确设计刀具导引件，以保证在加工过程中正确导引刀

具，或在加工之前校正刀具的位置。夹具的各元件应有足够的刚度和硬度，以保证在受力作用时位置不变，并避免加工过程中的振动。

③正确设计夹具与机床的连接元件，以保证夹具在机床上的位置精度。

(3)保证操作方便，省力和安全，便于排屑

①便于装卸工件和夹紧工件：装卸工件时应保证不碰夹具上的有关零件，不碰刀具。操纵夹紧件的手柄或扳手在操纵范围内应有足够的空隙，以保证操作方便，不碰刀具、工件或其他零件。还应注意减少手柄数目，操作省力、省时，以减轻工人劳动强度。

②便于调整和测量：设计夹具上调整部分时应考虑调整方便，必要时设置便于调整的辅助基准面或辅助装置。

③便于排屑和排液：设计时应考虑切屑或切削液的排除问题，不要因切屑排除不易而影响定位精度，妨碍工件装卸，以及夹具中需要活动的元件被卡死。为此，在夹具上要开排屑孔、排屑槽。还应考虑冷却液的流畅。

④便于观察加工情况：在加工过程中，往往需要观察加工情况，为此夹具上应采取一些结构上的措施，如开观察孔等。

⑤保证使用安全：一方面要注意人身安全，另一方面要注意机床和工艺装备的安全。在加工过程中，夹具不要碰到机床设备、刀具或砂轮等。翻转式或移动式钻具不能过重，以减轻劳动强度，对较重的翻转式钻具，应有翻转支架，对较重的移动式钻具，应设计带有滚动轴承的导轨，以方便操作。

(4)正确、恰当处理夹具上作用力的平衡　若夹具上各种作用力的平衡问题处理不当，就会使夹具在加工时产生振动，从而影响表面加工的粗糙度，也会因此使夹具或工件发生变形，破坏加工表

面的精度。

(5)具有良好的结构工艺性　便于夹具的制造、装配、检验和维修，夹具的结构应使夹具制造和维修方便，以降低制造成本。夹具的工艺应与本厂的生产能力和技术水平相适应。

(6)注意夹具与机床、辅助工具、刀具、量具之间的联系　为了加工出合格产品，所有生产工具，如机床设备、夹具、辅助工具、刀具、量具等都是相互联系的。

(二)夹具材料

夹具材料的选择应根据其硬度、强度、韧性、耐磨性、脆性和可加工性来确定。

铸铁通常用于制造夹具，中、低碳钢一般用作结构件、压板、螺杆和螺母等。高碳钢则用于制作易磨损件，如定位元件、对刀导引元件等。工具钢用于需要高强度和耐磨损的夹具元件。铝材加工性好、重量轻，是夹具中常使用的有色金属材料。另外，木材、塑料、橡胶、环氧树脂等在多品种少批量生产中也可作为夹具材料。

1. 机床夹具的作用

机床夹具在机械加工中对保证工件的加工工质量、提高加工效率、降低生产成本、改善劳动条件、扩大机床使用范围和缩短新产品试制周期等具有极明显的效益。夹具的作用主要有以下几个方面：

①便于工件正确定位，保证加工精度，稳定加工质量。采用专用夹具安装工件，可以准确地确定工件相对于刀具和机床切削成形运动的相互位置。所以加工精度易于保证，不受或少受各种因素的影响，稳定加工质量。

②能实现快速夹紧工件，提高劳动生产率，降低加工成本。采用夹具以后，可省去既十分费事又不十分精确的划线、找正工序，

使安装工件快速、安全、方便;若实行多件、多工位安装和采用气压、液压、快速联动夹紧装置,使安装工件的辅助时间与机动时间重合等措施,能大大缩短辅助时间,既能降低劳动强度,又能提高劳动生产效率。用夹具安装工件,使工件夹紧牢固,利用辅助支承等还可提高工件刚度,有利于采用较大切削用量,同时采用与生产规模相适应的夹具,能使产品质量稳定,废品减少,可降低成本。

③扩大机床的工艺范围,改变机床的用途。每台通用机床可利用其附件(通用夹具)对各种不同的零件进行加工,但其所完成的主要工作种类是有一定范围的,并且也只能达到一定的加工精度。但采用夹具以后,能扩大机床的适应范围。例如:在车床的刀架上装上夹具后,就可利用主轴来带动镗刀或铣刀,使车床变成镗床或铣床。在立式钻床上装上珩磨头,再配上一对行程开关和挡块,并将机床的控制部分稍加改装,可变成珩磨机。从而可使机床"一机多用"。

④减轻操作的劳动强度,保障生产安全。在夹具中可以采用扩力机构来减小操作的原始力,有时也可以采用各种机动夹紧装置,使操作省力,减轻劳动强度。根据加工条件,还可设计防护装置,确保操作者安全。

2. 机床夹具的组成

夹具是由各种不同作用的元件所组成的,所谓夹具元件,是指夹具上用来完成一定作用的一个零件或一个简单的部件。若要成功设计一个夹具,首先就要会设计各个元件。生产中应用的夹具形式多种多样,新型夹具又不断出现,但若将作用相同的元件归纳在一起,则其夹具元件分类并不多。这些部件各自有其独立的作用,但又彼此相互联系。这样,不仅对掌握夹具组成规律、分析解剖夹具结构具有重要作用,而且运用"化整为零"的思维和研究方法,对学习、分析夹具及设计构思都是很有必要的。

根据夹具元件在结构中所起的不同作用,可将各种夹具的元件分为下列几种。

(1)定位元件　在夹具中起定位作用的元件或部件。如我们经常在夹具中用到的V形块、定位销、键等。

(2)夹紧装置　起夹紧作用的一些元件和部件,用来紧固工件在定位后的位置。如常用的压板、螺母、螺栓等。

(3)对刀引导件　引导刀具并确定刀具对夹具的相对位置用的元件,如常用的钻套。

(4)夹具本体　用来连接夹具上的所有各种元件和装置成为一个夹具整体,是夹具的基础件。并借助它与机床连接,以确定夹具相对于机床的位置。

(5)自动定心装置　可同时起定位与夹紧作用的一些元件或部件。

(6)分度装置　用于改变工件与刀具相对位置以获得多个工位的一种装置,可作为某些夹具的一部分。

(7)其他元件及装置　包括与机床连接的零件、各种连接件、特殊元件及其他辅助装置。

(8)靠模装置　用来加工型面的一种特殊装置。

(9)动力装置　在非手动夹具中,作为产生动力的部分,如气缸、液压缸、电磁装置等。

(三)常用钻床夹具的类型

1. 钻床夹具的类型

夹具的类型在很大程度上取决于工件上被加工孔的分布情况,常用的钻床夹具主要有固定式、移动式、翻转式、盖板式和回转式等几种类型。

(1)固定式钻模　这种钻模在使用过程中,钻模和工件在机床上的位置固定不变。常用于在立式钻床上加工较大的单孔或在摇臂钻床上加工平行孔系。在立式钻床工作台上安装固定式钻模时，一般应先将装在钻床主轴上的定尺寸刀具(精度要求高时，用心轴)伸入钻套中，以确定钻模在工作台上的位置。待刀具(或心轴)在钻套中进出自如时，再将钻模固定。

(2)移动式钻模　这类夹具用于在单轴立式钻床上钻削中、小型工件在同一表面上的多个孔。

(3)翻转式钻模　对于在几个方向都有孔的中、小型工件，为了减少装夹次数，提高各孔之间的位置精度，可采用翻转式钻模。

(4)盖板式钻模　这类钻模没有夹具体，供定位用的定位元件和夹紧装置全部安装在钻模板上，使用时只要将它覆盖在工件上即可进行加工。在钻模盖板上不仅装有钻套，还装有定位用的圆柱销、削边销和支承钉。因用于钻小孔，钻削力矩小，故未设置夹紧装置。

盖板式钻模结构简单，除屑方便，一般多用于加工大型工件上的小孔。因夹具在使用时经常搬动，故盖板式钻模的质量不宜超过 100 N。

(5)回转式钻模　回转式钻模用于加工同心圆周上的平行孔系或分布在几个不同表面上的径向孔，分立轴、斜轴和卧轴 3 种类型。

2. 钻套的类型及应用

钻套是钻模上的重要元件，它安装在钻模板或夹具体中。其作用是确定尺寸孔加工刀具的加工位置，保证被加工孔的轴线位置尺寸，引导刀具并增强刀具系统刚性。钻套的结构和尺寸已经标准化，按结构和使用情况，钻套可分为以下 4 种类型。

(1)固定钻套　固定钻套的结构如图 5-2 所示，分为无肩式和带肩式 2 种。

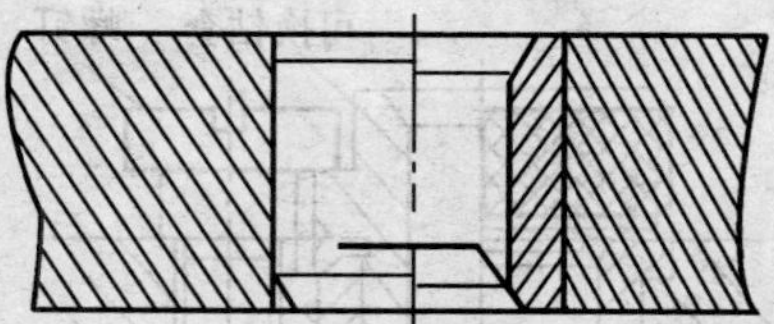

(a)无肩式

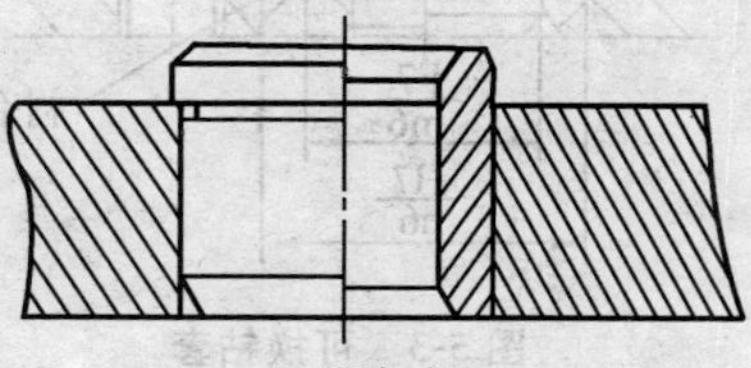

(b)带肩式

图 5-2 固定钻套

带肩式主要用于较薄的钻模板，用以保持钻套必需的引导长度，还可防止切屑和切削液落入套中，固定钻套采用 H7/n6 配合压装在钻模板孔内，一般磨损后不能更换。一般用于生产批量较小的单工步孔加工。

(2)可换钻套　在单工步孔加工大批量生产中，为了便于更换磨损的钻套可选用可换钻套，如图 5-3 所示，它的凸缘上有台肩，钻套螺钉的圆柱头盖在此台肩上，可防止钻套转动和掉出。当钻套磨损后，只要卸下螺钉，便可取出钻套进行更换。对更换频繁的钻套，为了保护钻模板不被损坏，应在可换钻套外以 H7/n6 配装一个衬套，可换钻套以 F7/m6 或 F7/k6 与衬套配合。

(3)快换钻套　图 5-4 所示为标准快换钻套的标准结构。当被加工孔要连续进行钻、扩、铰等多种工步时，为能快速更换不同孔径的钻套，应选用快换钻套。快换钻套的有关配合与可换钻套相同，其特点是更换钻套时不必拧出螺钉，只要将钻套削边转至螺钉处，就可迅速取出钻套进行更换。

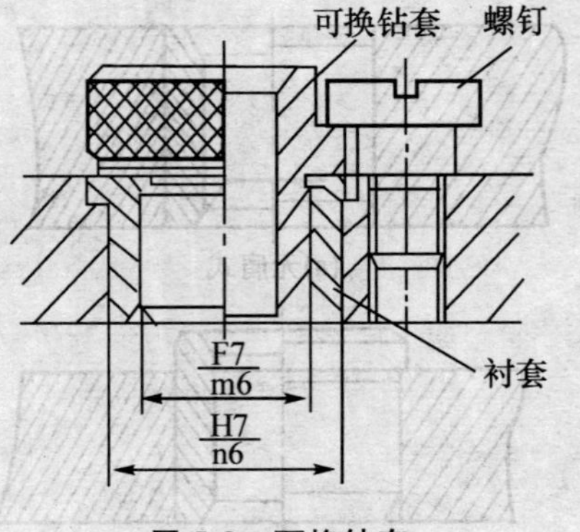

图 5-3 可换钻套

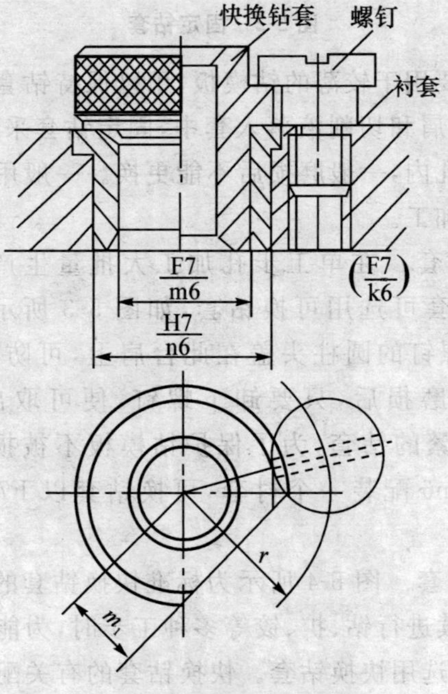

图 5-4 快换钻套

（4）特殊钻套 对形状或被加工孔位置特殊的工件，需要选用相应特殊结构的钻套。图 5-5 是几种特殊钻套的结构。图 5-5(a)用于在斜面上钻孔，可防止钻头切入时引偏甚至折断；图 5-5(b)为加长钻套，用在钻模板下端不能靠近加工表面时（如深坑内钻孔），使其下端与工件加工表面有较短距离；图 5-5(c)2 种情况下，因两孔孔距太小，为便于装配和制造，2 个钻套台肩削边或导向孔加工在同一钻套体上。

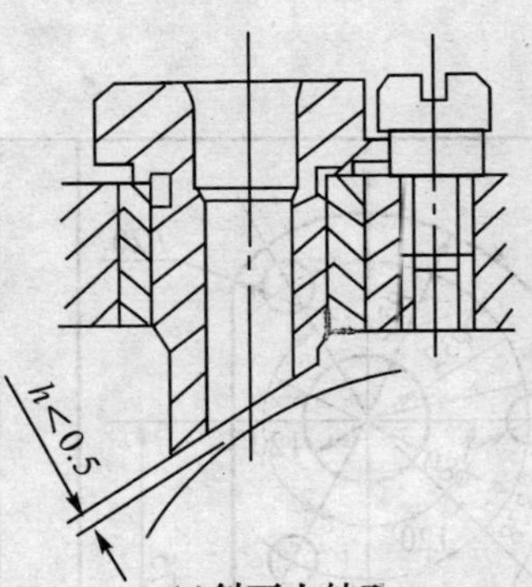

(a)斜面上钻孔

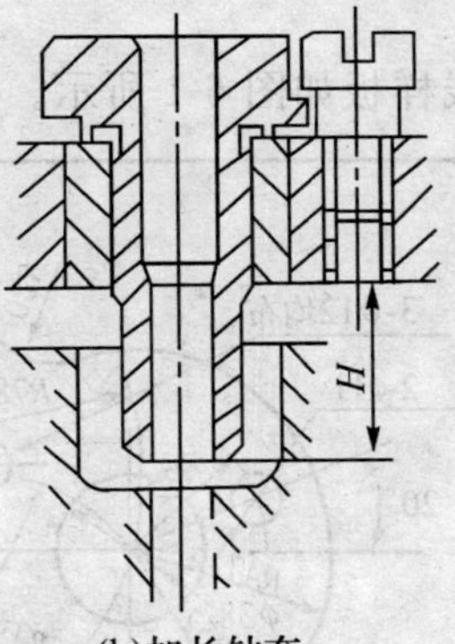

(b)加长钻套

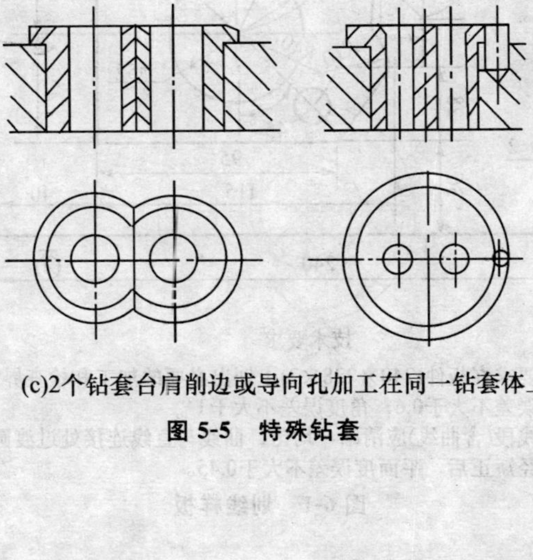

(c)2个钻套台肩削边或导向孔加工在同一钻套体上

图 5-5 特殊钻套

六、模块训练

（一）划线样板

划线样板如图 6-1 所示。

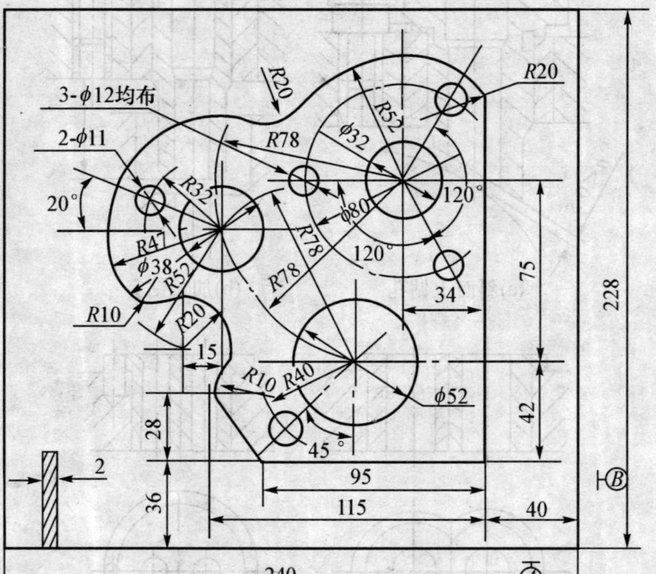

技术要求

1.按图要求在板件(240×228×2)上划出必要的加工和检查界线。

2.尺寸误差不大于0.6；角度误差不大于1°。

3.所划线段(含曲线)应清晰、均匀，曲线与直线连接处过渡圆滑。

4.板件经矫正后，平面度误差不大于0.45。

图 6-1　划线样板

划线步骤：

①下料：选用厚度 $\delta=2$ mm 的钢板下料，长为 240 mm，宽为 228 mm；保证 A、B 两面相互垂直。

②以 A 面为基准，划出 36 mm 的平行线、42 mm 的中心线、75 mm的中心线。

③以 B 面为基准，划出 40 mm 平行线、34 mm 的中心线，以 75 mm 与 34 mm 相交的中心线为圆心，$R78$ 为半径找出 $\phi52$ 相交于 42 mm 的中心线和 $\phi38$ 的位置。

④以 $\phi52$ 圆心为圆心，$R78$ 为半径划出 $\phi38$ 的中心线。

⑤将三孔位置用样冲打上记号；以三孔中心位置为圆心，分别以 $R16$、$R26$、$R19$ 为半径划出 $\phi32$、$\phi52$、$\phi38$ 的圆；分别以三孔中心为圆心、$R40$ 为半径划出 3-$\phi12$ 位置线，以 $R32$、$R40$ 为半径划出 2-$\phi11$ 的位置线。

⑥在 $\phi80$ 圆周上作三等分，划出 3-$\phi12$ 三孔均布；分别以 $\phi52$、$\phi38$ 为中心作 45°和 20°与 $R40$、$R32$ 相交，划出 2-$\phi11$ 的位置线。

⑦以三孔中心为圆心，分别以 $R52$、$R47$ 为半径作圆弧；以 $\phi38$ 中心为圆心、$R52$ 为半径作弧与中心偏距 15 相交，找出 $R20$ 圆心。

⑧以 $R20$ 为半径，分别作出 3 处圆弧与直线连接、圆弧与圆弧连接。

⑨以 36 mm 的平行线为基准，划出 28 mm 的平行线，以 $R10$ 为半径作圆弧连接，以 40 mm 的平行线为基准，划出 95 mm 的尺寸位置与 $R10$ 作圆弧直线连接。

⑩检查各尺寸是否符合图纸要求，用样冲将所作图形均匀打上记号。

划线样板工、量、刃具清单

序号	名称	规格	数量	序号	名称	规格	数量
1	钢直尺	0～300 mm	1	7	平板	330 mm×300 mm	1
2	划规		1	8	锤子		1
3	划针		1	9	木锤		1
4	样冲		1	10	铜锤		1
5	90°角尺	100 mm×63 mm	1	11	塞尺	0.02～0.5 mm	1
6	分规		1				

划线样板评分表

序号	考核要求	配分	评分标准			量具	检测结果	扣分	检验
		T R_a	$\leqslant T$ $\leqslant R_a$	$\leqslant T$ $\leqslant 2R_a$	$\leqslant 2T$ $\leqslant R_a$				
1	线条清晰	10	10			目测			
2	线条均匀	5	5			目测			
3	尺寸误差不大于0.6 mm	30	30			钢直尺			
4	角度误差不大于1°	6	6			90°角尺			
5	冲眼落点的分布	8	8			目测			
6	冲眼大小及均匀性	5	5			目测			
7	曲线与直线过渡圆滑	14	14			目测			
8	曲线与圆弧过渡圆滑	12	12			目测			
9	矫正平面度误差不大于0.45 mm	10	10			平板 塞尺			
10	安全文明生产		酌情扣1～5分			现场 记录			

(二)耳片冲模

耳片冲模如图 6-2 所示。

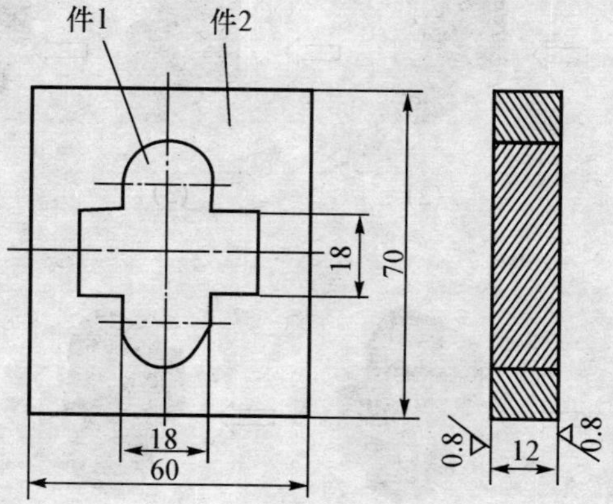

技术要求

1.配合间隙≤0.05。

2.翻面间隙≤0.05。

件1—凸模　件2—凹模

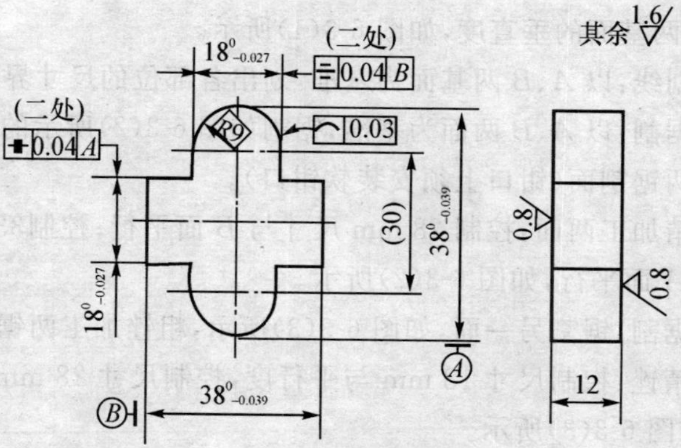

图 6-2　耳片冲模

1. 件 1 加工

件 1 加工步骤如图 6-3 所示。

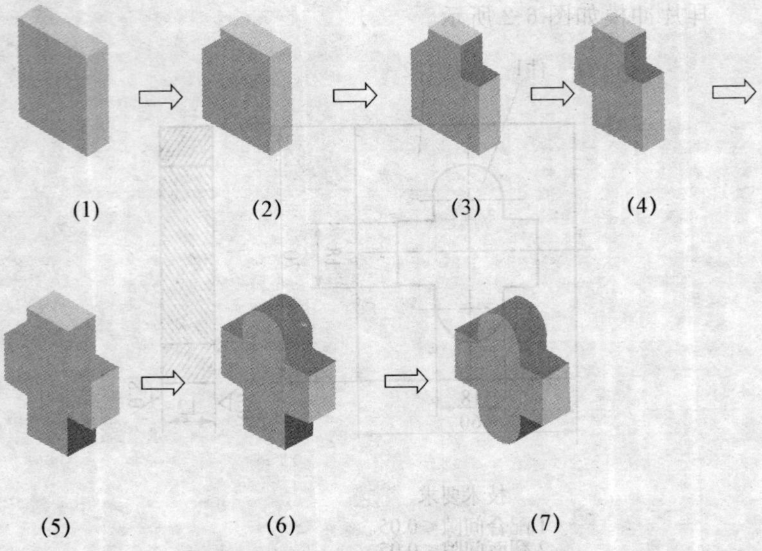

图 6-3　耳片冲模——件 1 加工步骤

①下料：将厚 $\delta=12$ mm 的板料加工至 48.5 mm×38 mm；保证 *A*、*B* 两基面的垂直度，如图 6-3(1)所示。

②划线：以 *A*、*B* 两基面为基准，划出各部位的尺寸界线。

③锯割：以 *A*、*B* 两面为基准，锯割如图 6-3(2)所示的部位，粗锉加工两锯割面(钳口上须安装软钳口)。

④精加工两面：控制 28 mm 尺寸与 *B* 面平行；控制33.25 mm 尺寸与 *A* 面平行，如图 6-3(2)所示。

⑤锯割：锯割另一面，如图 6-3(3)所示，粗锉加工两锯割面。

⑥精锉：控制尺寸 18 mm 与平行度，控制尺寸 28 mm 与 B 面平行，如图 6-3(3)所示。

⑦锯割：锯割另一面，如图 6-3(4)所示，粗锉加工两锯

割面。

⑧精锉：控制尺寸 18 mm 与平行度，控制 33.5 mm 尺寸与 A 面平行，如图 6-3(4)所示。

⑨锯割：锯割另一面，如图 6-3(5)所示，粗锉加工两锯割面。

⑩精锉：控制两处 18 mm 尺寸与平行度；精修各 18 mm 尺寸，取下偏差值，如图 6-3(5)所示。

⑪精锉：修锉两处 $R9$ 圆弧，控制尺寸 48 mm；取下偏差值，如图 6-3(6)和图 6-3(7)所示。

2. 件 2 加工

件 2 加工步骤如图 6-4 所示。

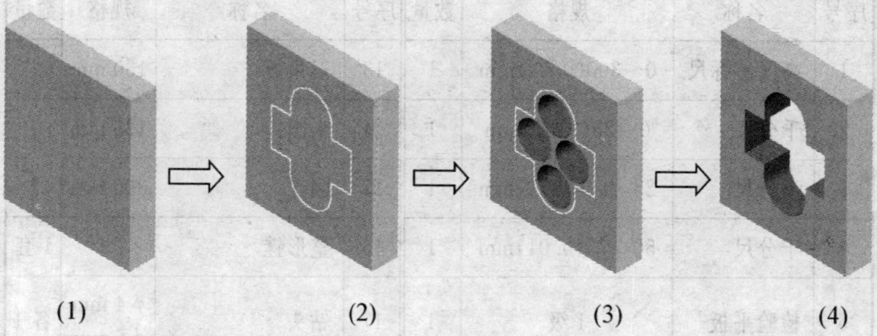

图 6-4 耳片冲模——件 2 加工步骤

①下料：将厚 12 mm 的板料加工至 70 mm×60 mm；保证 A、B 两基面垂直，如图 6-4(1)所示。

②划线：划出各位置加工线，用件 1 检验，如图 6-4(2)所示。

③钻孔：用 $\phi17.5$ 钻头在两圆弧和两平头处各钻一孔，如图 6-4(3)所示。

④锯割：修磨锯条，如图 6-5 所示，锯割去中间多余部分。

图 6-5 修磨后的锯条

⑤粗锉:粗锉各部位多余量。

⑥精锉:精锉两处 $R9$ 圆弧与尺寸 18 mm 处(用件 1 试配,配至要进而又进不去最佳)。

⑦精锉:精锉两平头与尺寸 18 mm 处(用件 1 试配,配至要进而进不去最佳)。

⑧涂色:用红丹粉将件 2 修配处涂色,将件 1 与件 2 相配,用木棒轻轻敲入(敲不进为佳),再将件 1 敲出,根据所接触的痕迹再修锉,如此反复多次直到配入。

⑨用 0.05 mm 的塞尺检验。

耳片冲模工、量、刃具清单

序号	名称	规格	数量	序号	名称	规格	数量
1	高度游标尺	0~300(0.02)mm	1	13	三角锉	150 mm	1
2	千分尺	0~25(0.01)mm	1	14	半圆锉	125 mm	1
3	千分尺	25~50(0.01)mm	1	15	圆锉	300 mm	1
4	千分尺	50~75(0.01)mm	1	16	整形锉		1套
5	检验平板	1级	1	17	钻头	ϕ4 mm ϕ5 mm	各1
6	杠杆百分表	0~0.8(0.01)mm	1	18	锤子、錾子		各1
7	表架		1	19	划线工具		1套
8	量块		1	20	粗糙度比较样块		1套
9	刀口90°角尺	100 mm×63 mm 1级	1	21	红丹粉		若干
10	塞尺	0.25~0.5 mm	1	22	锯弓、锯条		自定
11	半径样板	7~14.5 mm	1	23	机油、煤油		若干
12	锉刀(平)	自定	自定	24	油石		若干

耳片冲模评分表

序号	考核要求	配分		评分标准				量具	检测结果	扣分	检验
		T	R_a	$\leqslant T$	$\leqslant R_a$	$\leqslant T$ $\leqslant 2R_a$	$\leqslant 2T$ $\leqslant R_a$				
1	$(48^{0}_{-0.039})$ mm，$R_a1.6$ μm(2处)	5	4	5	4	5	4	千分尺			
2	$(38^{0}_{-0.039})$，R_a 1.6 μm(2处)	4	2	4	2	4	2	千分尺			
3	$(18^{0}_{-0.027})$ mm (2处)，$R_a1.6$ μm(8处)	8	8	8	8	8	8	千分尺			
4	R9 ⌒ 0.03	8		8				半径样板			
5	⌯ 0.04 A (2处)	8		8				百分表、量块			
6	⌯ 0.04 B (2处)	8		8				百分表、量块			
7	60 mm，70 mm	4		4				游标卡尺			
8	配合间隙≤0.05 mm(12处)	24		24				塞尺			
9	翻面间隙≤0.05 mm(12处)	12		12				塞尺			
10	外观	5		夹伤、挤碾伤痕酌情扣1~5分				目测			
11	安全文明生产			酌情扣1~5分				考场记录			

(三)燕尾圆弧板

燕尾圆弧板如图6-6所示。

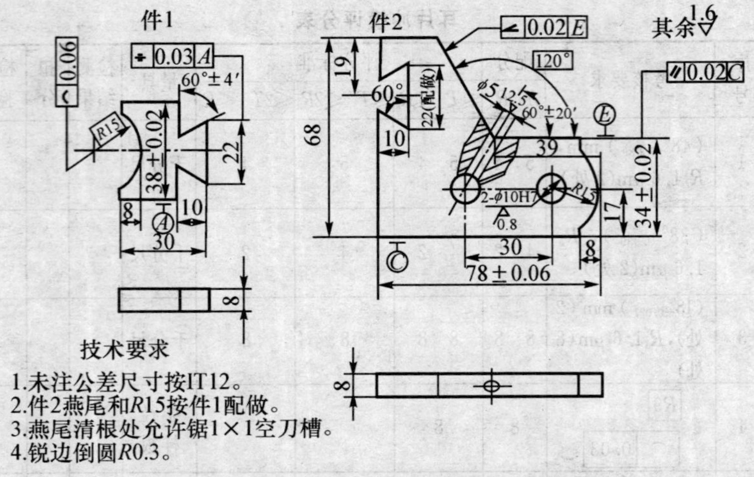

图 6-6　燕尾圆弧板

1. 件 1 加工件

件 1 加工步骤如图 6-7 所示。

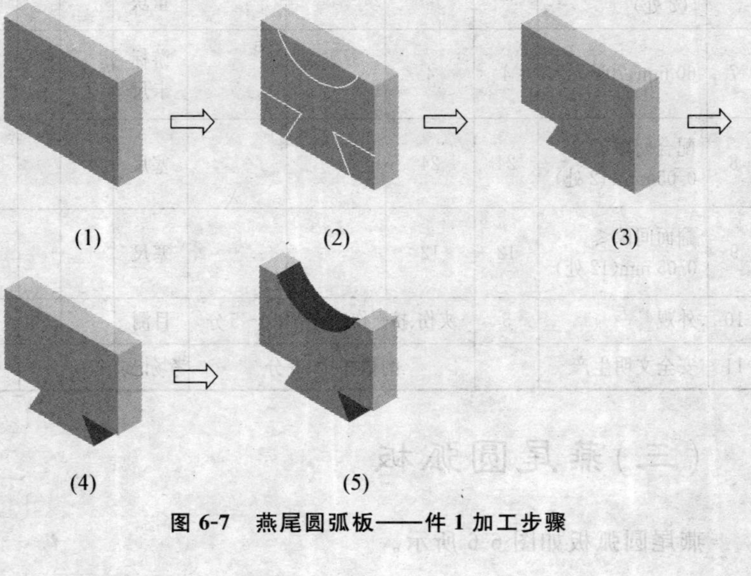

图 6-7　燕尾圆弧板——件 1 加工步骤

①下料：用厚度 $\delta=8$ mm 的钢板下料 39 mm×31 mm×8 mm，锉至 38 mm×30 mm。

②划线：用 R15 的半径规和万能角尺划出各部位的加工线，用样冲打上记号，如图 6-7(2)所示。

③锯割：以基面 A 为基准锯割一面 60°角度，粗锉两个锯割面，如图 6-7(3)所示。

④精锉：用万能角度尺测量，精加工 60°角度，控制台高 10 mm，以 A 面为测量基准，控制尺寸 30 mm，如图 6-7(3)所示。

⑤锯割：锯割另一面 60°角度，粗锉两锯割面，如图 6-7(4)所示。

⑥精锉：控制台高 10 mm，控制 60°角度和 22 mm 的宽度尺寸，如图 6-7(4)所示。

⑦锉削：加工 R15 圆弧面，用 R15 的半径规检测，控制 2 个台阶相等，如图 6-7(5)所示。

⑧锐边倒角，检验。

2. 件 2 加工

件 2 加工步骤如图 6-8 所示。

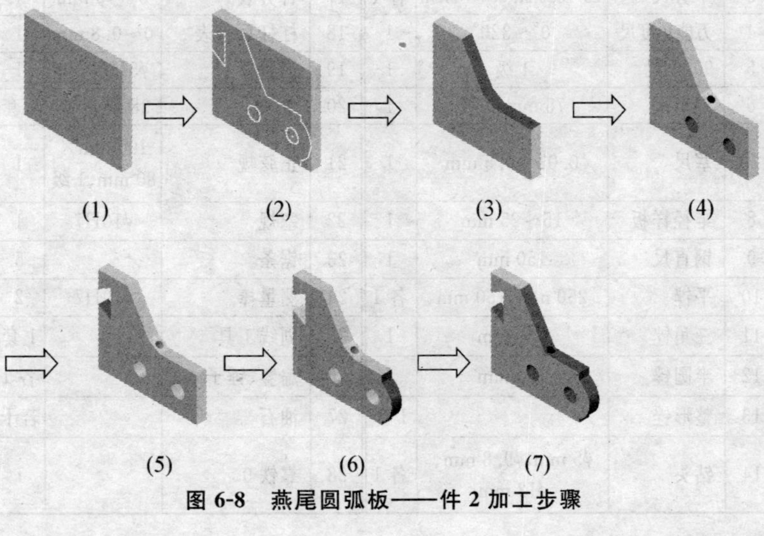

图 6-8 燕尾圆弧板——件 2 加工步骤

①下料:用 8 mm 钢板下料,锉至 78.5 mm×68 mm;68 mm 尺寸面与基面 C 垂直,如图 6-8(1)所示。

②划线:按图要求划出各部位尺寸位置线,用样冲打上记号,如图 6-8(2)所示。

③锯割:锯割 60°外角,精加工 60°外角;控制 34 mm 尺寸和 60°角度,如图 6-8(3)所示。

④钻孔:用 ϕ9.8 钻头钻 2-ϕ10 mm 的孔,用 ϕ5 钻头钻 60°的孔与 ϕ9.8 的孔相交,如图 6-8(4)所示。

⑤铰孔:用 ϕ10 的铰刀将 2-ϕ9.8 的孔铰至尺寸,如图 6-8(4)所示。

⑥锯割:用 ϕ5 钻燕尾底面排孔,锯燕尾斜面,用錾子轻轻将多余部分錾去,如图 6-8(5)所示。

燕尾圆弧板工、量、刃具清单

序号	名称	规格	数量	序号	名称	规格	数量
1	高度游标尺	0～300 mm	1	15	铰刀	ϕ10H7	1
2	游标卡尺	0～150 mm	1	16	铰杠	280 mm	1
3	千分尺	25～50 mm、50～75 mm	各 1	17	百分表	0～10 mm	1
4	万能角度尺	0°～320°	1	18	杠杆百分表	0～0.8 mm	1
5	90°角尺	1 级	1	19	测量棒	ϕ5H7×60	1
6	刀口尺	75 mm、1 级	1	20	量块	38 块、3 级	1 套
7	塞尺	0.02～0.5 mm	1	21	正弦规	100 mm×80 mm、1 级	1
8	半径样板	15～25 mm	1	22	塞规	ϕ10H7	1
9	钢直尺	150 mm	1	23	锯条		5
10	平锉	250 mm、150 mm	各 1	24	测量棒	ϕ10H7	2
11	三角锉	150 mm	1	25	划线工具		1 套
12	半圆锉	150 mm	1	26	扁錾、锤子		各 1
13	整形锉		1 套	27	油石		若干
14	钻头	ϕ5 mm、ϕ9.8 mm、ϕ12 mm	各 1	28	靠铁 0		1

⑦锉配：用件 1 做配件，先锉削燕尾底面，控制好深度，再加工燕尾侧面，与件 1 相配，如图 6-8(5)所示。

⑧锉配：锉配圆弧 $R15$，注意控制两边台阶宽度相等，用件 1 与件 2 配至要求，如图 6-8(6)和图 6-8(7)所示。

⑨锐边倒角，检验。

燕尾圆弧板评分表

序号	考核要求	配分		评分标准						量具	检测结果	扣分	检验
		T	R_a	$\leqslant T$	$\leqslant R_a$	$\leqslant T$	$\leqslant 2R_a$	$\leqslant 2T$	$\leqslant R_a$				
1	(78±0.06)mm，$R_a 1.6\ \mu m$(2 处)	3	2	3	2	3		2		游标卡尺			
2	68 mm，$R_a 1.6\ \mu m$(2 处)	3	2	3	2	3		2		游标卡尺			
3	(34±0.02)mm，$R_a 1.6\ \mu m$	6	2	6	2	6		2		千分尺			
4	2-ϕ10H7，$R_a 0.8\ \mu m$(2 处)	8	2	8	2	8		2		塞规			
5	30 mm	4		4						游标卡尺、测量棒			
6	60°±20′	2		2						万能角度尺、测量棒			
7	17(±0.22)mm，39(±0.31)mm	2		2						游标卡尺			
8	∥ 0.02 C	4		4						百分表			
9	∠ 0.02 E，$R_a 1.6\ \mu m$	8	1	8	1	8		1		正弦规、百分表			

续表

序号	考核要求	配分 T	配分 R_a	评分标准 $\leqslant T$	$\leqslant R_a$	$\leqslant T$	$\leqslant 2R_a$	$\leqslant 2T$	$\leqslant R_a$	量具	检测结果	扣分	检验
10	(38 ± 0.02) mm， $R_a1.6$ μm(2 处)	6	1	6	1	6			1	千分尺			
11	30 mm， $R_a1.6$ μm(2 处)	1	1	1	1	1			1	游标卡尺			
12	$60°\pm4'$(2 处)， $R_a1.6$ μm(2 处)	6	1	6	1	6			1	万能角度尺			
13	$8(\pm0.08)$mm， $10(\pm0.08)$mm， $22(\pm0.11)$mm	3		3						游标卡尺			
14	⌯ | 0.03 | A	4		4						百分表、测量棒			
15	⌒ | 0.06 $R_a1.6$ μm	4	1	4	1	4			1	半径样板			
16	燕尾对配间隙 0.06 mm(5 处)	5		5						塞尺			
17	翻转 180°间隙 0.06 mm(5 处)	5		5						塞尺			
18	$R15$ 对配间隙 0.08 mm	8		8						塞尺			
19	外观	5		毛刺、压伤、划伤酌情扣 1～5 分						目测			
20	安全文明生产			酌情扣 1～5 分						考场记录			

(四)组合角尺

组合角尺如图 6-9 所示。

组合角尺的加工属于开拓思维作业,可根据该作业基本构思要求,自我加以改做,如可做成刀口式角尺,也可用薄不锈钢板做成加长角尺等。

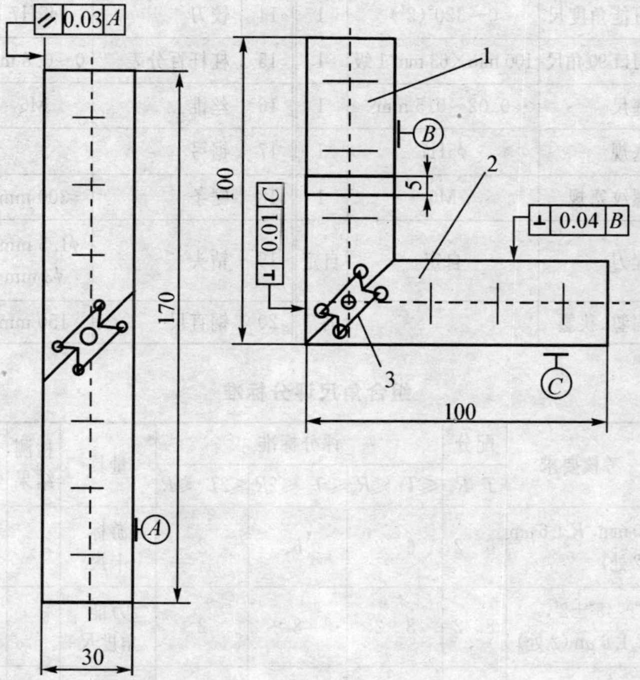

技术要求

1. 组合成角尺或直尺后无松动。
2. 组合尺寸公差按IT12。

图 6-9 组合角尺

组合角尺工、量、刃具清单

序号	名称	规格	数量	序号	名称	规格	数量
1	高度游标尺	0～300(0.02)mm	1	11	锤子		1
2	游标卡尺	0～150(0.02)mm	1	12	划线工具		1套
3	平台	0级	1	13	钻头	ϕ4.8 mm，ϕ4.9 mm，ϕ5 mm	各1
4	万能角度尺	0～320°(2′)	1	14	铰刀	ϕ5H7	1
5	刀口90°角尺	100 mm×63 mm 1级	1	15	杠杆百分表	0～0.8 mm	1
6	塞尺	0.02～0.5 mm	1	16	丝锥	M6	1
7	塞规	ϕ5H7	1	17	锯弓		1
8	螺纹塞规	M6	1	18	锯条	300 mm	自定
9	锉刀	自定	自定	19	钻头	ϕ1.5 mm，ϕ3 mm	各1
10	扁錾、狭錾		各1	20	钢直尺	150 mm	1

组合角尺评分标准

序号	考核要求	配分		评分标准						量具	检测结果	扣分	检验
		T	R_a	$\leqslant T$	$\leqslant R_a$	$\leqslant T$	$\leqslant 2R_a$	$\leqslant 2T$	$\leqslant R_a$				
1	10 mm，R_a1.6 μm(2处)	6	2	6	2	6			2	游标卡尺			
2	4°～45°±2′，R_a1.6 μm(2处)	8	2	8	2	8			2	万能角度尺			
3	ϕ3 mm，R_a6.3 μm	1	1	1	1	1			1	游标卡尺			
4	2-ϕ1.5 mm，10 mm，20 mm	4		4						游标卡尺			
5		4		4						百分表			

续表

序号	考核要求	配分	评分标准			量具	检测结果	扣分	检验
		T　R_a	$\leqslant T$　$\leqslant R_a$	$\leqslant T$　$\leqslant 2R_a$	$\leqslant 2T$　$\leqslant R_a$				
6	45°±2′， R_a1.6 μm	2　1	2　1	2	1	万能角度尺			
7	30 mm， R_a1.6 μm(2处)	6　4	6　4	6	4	游标卡尺			
8	100 mm， R_a3.2 μm	1　1	1　1	1	1	游标卡尺			
9	ϕ5H7(2处)， R_a0.8 μm	4　1	4　1			塞规			
10	2-M6(2处)， R_a3.2 μm	4　2	4　2			螺纹塞规			
11	100 mm， 100 mm，170 mm	12	12			游标卡尺			
12	// 0.03 A	5	5			百分表			
13	⊥ 0.04 B	8	8			90°角尺			
14	⊥ 0.01 C	8	8			90°角尺			
15	技术要求1	8	8			手感			
16	外观	5	毛刺、划伤、压伤酌情扣1～5分			目测			
17	安全文明生产	酌情扣1～5分				考场记录			

参考文献

1. 金禧德. 金工实习. 北京：高等教育出版社，2001.

2. 劳动部教材办公室. 钳工工艺学. 北京：中国劳动出版社，1996.

3. 邱言龙，李文林，谭修炳. 工具钳工技师. 北京：机械工业出版社，1999.

4. 劳动和社会保障部教材办公室. 钳工工艺学. 北京：中国劳动社会保障出版社，2005.

图书在版编目(CIP)数据

钳工/农业部农民科技教育培训中心，中央农业广播电视学校组编.—北京：中国农业大学出版社，2008.11

农村劳动力转移职业技能培训教材

ISBN 978-7-81117-279-9

Ⅰ.钳…　Ⅱ.①农…②中…　Ⅲ.钳工-技术培训-教材　Ⅳ.TG9

中国版本图书馆 CIP 数据核字(2008)第 084512 号

书　名　钳工

作　者　农业部农民科技教育培训中心　中央农业广播电视学校　组编

策划编辑	汪春林　高　欣	**责任编辑**	李秉真
封面设计	郑　川	**责任校对**	王晓凤　陈　莹
出版发行	中国农业大学出版社		
社　址	北京市海淀区圆明园西路 2 号	**邮政编码**	100193
电　话	发行部 010-62731190，2620 编辑部 010-62732617，2618		读者服务部 010-62732336 出　版　部 010-62733440
网　址	http://www.cau.edu.cn/caup	**E-mail**：	caup@public.bta.net.cn
经　销	新华书店		
印　刷	北京时代华都印刷有限公司		
版　次	2008 年 11 月第 1 版　2011 年 8 月第 2 次印刷		
规　格	850×1 168　32 开本　3.625 印张　87 千字		
印　数	6 001～9 000		
定　价	6.20 元		

凡本版教材出现印刷、装订错误，请向中央农业广播电视学校教材处调换。

联系地址：北京市朝阳区来广营甲 1 号　电话：010-84904997　邮编 100012

网址：www.ngx.net.cn